热水驱提高原油采收率原理与技术

张弦　董驰　崔晓娜　著

RESHUIQU TIGAO YUANYOUCAISHOULÜ
YUANLI YU JISHU

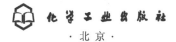

化学工业出版社

·北京·

内容简介

　　本书对热水驱国内外研究成果、国内典型热水驱油藏特征和开发情况进行了简单介绍，重点阐述了油藏岩石和流体热物性分析、油藏岩石和流体物性的热效应分析、低渗透油藏热水驱油物理模拟实验研究、控制水相流度提高热水驱采收率研究、稠油油藏蒸汽驱后热水驱技术研究等内容。

　　本书可供从事超低渗透油藏和稠油油藏开采相关工程的技术人员使用，同时可供高等院校石油工程专业的师生参考。

图书在版编目（CIP）数据

　　热水驱提高原油采收率原理与技术/张弦，董驰，崔晓娜著．—北京：化学工业出版社，2023.8
　　ISBN 978-7-122-44045-7

　　Ⅰ．①热…　Ⅱ．①张…　②董…　③崔…　Ⅲ．①热水驱-水压驱动-油田开发-研究　Ⅳ．①TE341

　　中国国家版本馆 CIP 数据核字（2023）第 154020 号

责任编辑：张　艳
文字编辑：陈小滔　王文莉
责任校对：王鹏飞
装帧设计：王晓宇

出版发行：化学工业出版社
　　　　　（北京市东城区青年湖南街 13 号　邮政编码 100011）
印　　装：涿州市般润文化传播有限公司
710mm×1000mm　1/16　印张 14　字数 249 千字
2023 年 8 月北京第 1 版第 1 次印刷

购书咨询：010-64518888
售后服务：010-64518899
网　　址：http://www.cip.com.cn
凡购买本书，如有缺损质量问题，本社销售中心负责调换。

定　　价：98.00 元

前言
PREFACE

热水驱是一种常用的增产技术，它通过注入高温高压的热水来改变油藏中原油和岩石的物理性质，从而提高采收率。热水驱常用于低渗透油藏、超低渗透油藏的开发，以及稠油（重质油）油藏蒸汽驱后的转换开发。在注热水驱油过程中，热水进入油藏后将释放热量，对油藏岩石、流体、盖底层同时都有热量传递。在一定的热量条件下，当油藏系统达到热平衡状态时，有效热效应的大小（油藏温升程度、受热范围、泄油区弹性能量等）都需要通过油藏岩石和流体的热物性参数获得。因此，实验测定油藏岩石、原油、地层水的热物性参数对于更好地完成油藏的热水驱开发具有十分重要的意义。本书介绍了油藏岩石和流体热物性测定的基本概念和实验方法，包括油藏岩石和流体的热物性测定、密度测量、相态行为研究、渗透率测定、孔隙度测量等方面的内容，以及注热水过程中油藏和流体热效应分析方法，旨在为读者提供一份全面、系统、实用的参考资料。

本书共分为六章。第 1 章阐述了热水驱原理及其在国内外的研究概况，包括了对稠油、轻质油和低渗透油藏等不同类型油藏的热水驱应用研究成果，对于推广和实施热水驱技术具有重要的借鉴和指导作用。第 2 章主要介绍了油藏岩石、原油、地层水的热物性参数的实验测定方法，包括热导率、比热容、热膨胀系数等基础参数，同时分析了热物性参数的各类影响因素。第 3 章主要分析了超低渗透油藏热水驱过程中油藏岩石和流体主要物性的热效应，包括岩石孔隙度、岩石渗透率、流体密度、原油黏度、储层微观孔隙结构的变化，以及注热水条件下的原油蒸馏情况。第 4 章主要介绍了针对低渗透油藏设计的不同温度的热水驱油实验。对实验结果与常规水驱进行了对比，分析了注入不同 PV 数（注入体积/孔隙体积）对热水驱驱油效率的影响，并且详述了所开展的注热水过程中的温度分布和热效率研究。第 5 章从降低水相渗透率的角度出发，阐述了通过改变化学剂的温度形成不断结晶溶解的动态变化的过程，以控制蒸汽冷凝水流度，从而降低水油流度比，并达到提高原油采收率的目的。第 6 章介绍了典型中深层稠油蒸汽驱油藏转热水驱的油藏工程设计方案。

　　本书是在笔者从事多年热采技术教学和科研以及矿场应用实践的基础上著写而成的，全书由张弦负责组织、规划和统稿，第 1 章由崔晓娜撰写，约 1 万字；第 2 章～第 4 章由张弦撰写，约 15 万字；第 5 章、第 6 章由董驰撰写，约 9 万字。张弦、董驰、崔晓娜任职于东北石油大学。在本书著写过程中，东北石油大学石油工程学院相关学者给予了很多的帮助和支持，研究生杨潇和张宇新对本书做了大量的勘误和校对工作，在此一并表示最诚挚的感谢。

　　由于作者水平所限，书中难免有不妥之处，恳请读者批评指正！

著者

2023 年 5 月

目录
CONTENTS

1 引言 ··· 001

  1.1 热水驱国内外研究概述 ································· 003

    1.1.1 稠油油藏热水驱机理研究及应用 ················· 003

    1.1.2 轻质油油藏热水驱机理研究及应用 ··············· 006

    1.1.3 低渗透油藏热水驱开发 ························· 008

  1.2 国内典型热水驱油藏特征和开发概述 ··············· 014

    1.2.1 典型超低渗透油藏 ····························· 014

    1.2.2 典型普通低渗透油藏 ··························· 022

    1.2.3 典型稠油油藏 ································· 025

  小结 ··· 029

  参考文献 ··· 029

2 油藏岩石和流体热物性分析 ························· 033

  2.1 岩石和流体热导率的测定 ························· 033

    2.1.1 热导率的基本概念 ····························· 033

    2.1.2 实验原理与方法 ······························· 034

    2.1.3 实验结果及分析 ······························· 037

  2.2 岩石和流体比热容的测定 ························· 042

    2.2.1 比热容的基本概念 ····························· 042

    2.2.2 实验原理与方法 ······························· 043

    2.2.3 实验结果及分析 ······························· 047

  2.3 岩石和流体热膨胀系数的测定 ····················· 051

    2.3.1 热膨胀系数的基本概念 ························· 051

    2.3.2 实验原理与方法 ······························· 051

    2.3.3 实验结果及分析 ······························· 053

2.4 岩石和流体热物性参数的影响因素 ……………………………… 055

    2.4.1 物质成分的影响 ……………………………………………… 055

    2.4.2 温度的影响 …………………………………………………… 055

    2.4.3 密度的影响 …………………………………………………… 055

    2.4.4 压力的影响 …………………………………………………… 056

    2.4.5 液相饱和度的影响 …………………………………………… 056

小结 ……………………………………………………………………… 056

参考文献 ………………………………………………………………… 057

3 油藏岩石和流体物性的热效应分析 ……………………… 058

3.1 岩石孔隙度的变化 ………………………………………………… 059

    3.1.1 岩石孔隙度变化的理论分析 ………………………………… 059

    3.1.2 岩石孔隙度变化的实验研究 ………………………………… 060

    3.1.3 孔隙度的测井曲线响应特征 ………………………………… 063

3.2 岩石渗透率的变化 ………………………………………………… 068

    3.2.1 岩石渗透率变化的理论分析 ………………………………… 068

    3.2.2 岩石渗透率变化的实验研究 ………………………………… 070

    3.2.3 岩石渗透率的测井方法 ……………………………………… 072

3.3 流体密度的变化 …………………………………………………… 073

    3.3.1 油藏流体密度变化的理论分析 ……………………………… 073

    3.3.2 油藏流体密度变化的实验研究 ……………………………… 074

3.4 原油黏度的变化 …………………………………………………… 076

    3.4.1 影响原油黏度的主要因素 …………………………………… 076

    3.4.2 原油黏温关系实验研究 ……………………………………… 078

3.5 储层微观孔隙结构的变化 ………………………………………… 079

    3.5.1 储层孔喉大小及分布的变化 ………………………………… 079

    3.5.2 储层微观孔隙结构变化实验研究 …………………………… 080

3.6 注热水条件下的原油蒸馏 ………………………………………… 086

    3.6.1 常压条件下的原油蒸馏 ……………………………………… 086

    3.6.2 地层压力条件下的原油蒸馏 ………………………………… 090

3.7 温度对岩石润湿性的影响 ………………………………………… 090

　　3.7.1　影响岩石润湿性的主要因素 ································ 090

　　3.7.2　岩石润湿性变化实验研究 ································· 092

　3.8　温度对毛管压力的影响 ································· 098

　　3.8.1　影响毛管压力的主要因素 ································ 098

　　3.8.2　毛管压力变化实验研究 ································· 100

　3.9　温度对原油/地层水体系界面张力的影响 ····················110

　　3.9.1　影响界面张力的主要因素 ································110

　　3.9.2　原油/地层水体系界面张力变化实验研究 ····················110

　小结 ··118

　参考文献 ··· 120

4　低渗透油藏热水驱油物理模拟实验研究 ··················· 122

　4.1　低渗透岩芯热水驱油实验 ································· 123

　　4.1.1　实验材料与方法 ································· 123

　　4.1.2　实验结果与分析 ································· 124

　4.2　油藏及原油性质对热水驱的影响实验 ························· 127

　　4.2.1　原油黏度对热水驱驱油效率的影响 ····················· 127

　　4.2.2　不同渗透率热水驱驱油效率分析 ······················ 128

　　4.2.3　热水驱过程中启动压力梯度的变化 ····················· 130

　　4.2.4　注热水对油水相对渗透率的影响 ······················ 136

　4.3　热水驱过程中温度分布及热效率实验 ························· 141

　　4.3.1　实验材料与方法 ································· 142

　　4.3.2　实验结果与分析 ································· 143

　4.4　热水/表面活性剂复合驱效率评价实验 ······················· 146

　　4.4.1　表面活性剂简介 ································· 147

　　4.4.2　传统表面活性剂性能评价 ··························· 149

　　4.4.3　低张力表面活性剂体系的制备与评价 ··················· 155

　　4.4.4　热表面活性剂驱效率评价 ··························· 159

　　4.4.5　热水/表面活性剂复合驱效率评价 ····················· 162

　4.5　不同驱替方式对采收率的影响 ····························· 163

　小结 ··· 164

参考文献 ……………………………………………………………… 165

5 控制水相流度提高热水驱采收率研究 ……………………… 167

5.1 化学剂结晶法控制流度理论分析 ……………………… 167

5.1.1 形成稳定驱替前缘的条件 ……………………… 167

5.1.2 分相流动方程 …………………………………… 169

5.1.3 Buckley-Leverett 驱替理论 ……………………… 171

5.1.4 加入化学剂后驱替前缘发生的变化 ……………… 173

5.2 控制水相渗透率化学剂 MA 简介 ……………………… 177

5.2.1 控制水相渗透率化学剂筛选原则 ………………… 177

5.2.2 MA 的性质 ……………………………………… 178

5.2.3 MA 的工业合成 ………………………………… 179

5.3 MA 控制流度物理模拟实验研究 ……………………… 180

5.3.1 MA 降低水相渗透率实验 ………………………… 180

5.3.2 室内模拟驱油实验 ……………………………… 183

5.4 MA 控制流度现场施工参数设计 ……………………… 189

5.4.1 预处理液 ………………………………………… 189

5.4.2 MA 的注入浓度 ………………………………… 189

5.4.3 注入速度 ………………………………………… 190

小结 ………………………………………………………… 190

参考文献 …………………………………………………………191

6 稠油油藏蒸汽驱后热水驱技术研究 ……………………… 192

6.1 蒸汽驱后热水驱提高采收率机理 ……………………… 192

6.2 蒸汽驱后热水驱物理模拟实验研究 …………………… 194

6.2.1 实验准备 ………………………………………… 194

6.2.2 实验步骤 ………………………………………… 194

6.2.3 实验结果与讨论 ………………………………… 196

6.3 试验区蒸汽驱后热水驱潜力分析 ……………………… 197

6.3.1 试验区剩余油分布研究 ………………………… 197

6.3.2 先导试验区转热水驱的可行性 ………………… 200

6.4　蒸汽驱后热水驱油藏工程优化设计 ·· 201

　　6.4.1　油藏工程设计原则 ·· 201

　　6.4.2　注水温度优选 ·· 201

　　6.4.3　合理注采比及注水量确定 ·· 203

　　6.4.4　注水层段优选 ·· 204

　　6.4.5　注水时机确定 ·· 205

6.5　实施方案部署及指标预测 ·· 205

　　6.5.1　部署原则 ·· 205

　　6.5.2　部署结果 ·· 205

　　6.5.3　注采系统设计 ·· 206

　　6.5.4　开发指标预测 ·· 207

6.6　方案实施及监测要求 ··· 208

　　6.6.1　实施中可能出现的问题及对策 ······································ 208

　　6.6.2　实施和监测要求 ·· 209

小结 ··· 210

参考文献 ·· 211

符号表 ·· 212

1
引言

随着世界油气工业的发展，那些规模大、储量大、丰度高、易勘探、好开采的常规油气资源在剩余储量中所占的比例越来越小，而对于开采难度大、技术要求高、以前不被世人所重视的超低渗油藏的勘探开发已成为人们日益关注的一个重要领域。

目前，我国石油总资源量约 $1×10^{11}$t，最终可采资源量约 $1.5×10^{8}$t[1]。随着人类对能源需求量的日益增加，人们对石油和天然气的需求更高，我国已成为仅次于美国的世界第二大能源消费国。石油和天然气作为目前影响我国能源安全的战略能源品种，供需矛盾十分突出。

低渗透、超低渗透和稠油油藏等砂岩储层具有巨大的开发潜力，是接替常规油气资源的重要后备资源之一[2-3]。据统计，我国探明未动用石油地质储量中大部分为低渗透储层，其中渗透率小于 $50×10^{-3}μm^2$ 的低渗透储量占58%，而在探明的石油地质储量中，低渗透油藏的石油地质储量所占比例高达60%～70%。在我国低渗透油田中，特低渗油藏和超低渗油藏占低渗透储量的一半以上，因此在今后相当长的一段时期内，超低渗透油藏将是我国石油工业增储上产的重要资源基础[4-5]。随着对超低渗透油藏勘探与开发技术的进步，以及认识的逐步加深，开采超低渗透砂岩油藏在石油工业中将占据越来越重要的位置。

但是，对超低渗透油气资源的经济、有效开发是一个世界性的难题[6-9]。针对已探明的低渗透储量的有效开发，我国进行了长期不懈的探索，开展了大量有针对性的开发技术攻关和试验，并形成了一批具有世界先进水平的原创性和集成性开发技术，实现了低渗透砂岩、火山岩油气藏的规模有效开发，如鄂尔多斯盆地、松辽盆地、准噶尔盆地低渗透砂岩油藏的开发，三塘湖盆地牛东低渗透火山岩油藏的开发等，为低渗透油藏开发提供了宝贵经验和技术储备[10-18]。

长庆油田鄂尔多斯盆地超低渗透油藏的规模有效开发具有突出的代表性。鄂尔多斯盆地三叠系超低渗透油田属于典型的低渗、低压、低丰度隐蔽性油藏[19-22]。储层岩性为砂岩，岩石颗粒小、胶结物含量高、储层物性差，平均孔隙度 11.12%，渗透率 $0.36×10^{-3}\mu m^2$，且有天然裂缝发育，储层流体物性好、原油黏度低、凝固点低，具有易于流动的特点。油藏渗透率为 $1.5×10^{-3}$～$2.8×10^{-3}\mu m^2$，应力敏感性强，普遍存在启动压力梯度，当渗透率小于 $0.5×10^{-3}\mu m^2$ 时，启动压力梯度增大迅速，驱替压力系统建立困难，注水时易出现水淹、水窜等情况。长庆油田通过整体压裂、超前注水等工艺，实现了 $0.5×10^{-3}\mu m^2$ 以下数十亿吨超低渗透储量的有效动用。2009 年针对姬塬某层试验 11 口井，应用多级多缝压裂技术，平均单井产量提高 0.5t/d；在合水地区某井区推广小井距、小水量、超前注水技术，投产油井 133 口，先后有 73 口井自喷，平均单井日产油 2.37t，含水 20.9%，在"三低"油藏开发中创造了奇迹。

近年来，长庆油田坚持管理创新与技术创新，以"提高单井产量，控制投资成本"为主线，积极探索超低渗透油藏开发的新思路、新技术和新模式。超低渗透油藏热水驱技术正是在这样的大背景下被提出来的。长庆油田为低孔低渗致密油田，由于原油在地层中流动时渗流阻力较大，流动困难，地层中的原油动用程度较小，残余油饱和度较高。热水驱可降低原油黏度，高温热水可引起地层流体和岩石的热膨胀作用，同时降低油水两相之间的界面张力，从而达到降低毛管阻力（或渗流阻力）、扩大水驱波范围及体积和提高洗油效率的目的。超低渗透油藏热水驱技术将是提高长庆超低渗轻质油藏原油采收率的重要储备技术之一。

低渗透油气田开发成熟技术有注水、压裂、注气等，可通过提高渗透性促进油气流动，从而有效改善开发效果，提高采收率。稠油油藏开采则面临着油的黏度大、流动性差的挑战。为解决这些问题，稠油油藏开采主要使用热采技术，可通过加热油藏降低油的黏度，提高流动性[23-26]。

稠油和常规原油相比，组分和性质不同，黏度更高，流动性更差。热采的机理及其对驱油效率的贡献值也不同，热采的设计方案也应有所区别。稠油油藏的开采难度较大，采油成本也相对较高。蒸汽驱在稠油开采中具有良好的经济效益和技术效果，但也存在一些不足，如在一些高黏度油藏中，蒸汽的渗透能力有限，在非均质性强的油藏中蒸汽超覆现象明显，蒸汽过早突破[27-32]。热水驱技术则是在稠油蒸汽驱的基础上发展而来的，其主要的优点在于采用了相对低温、低压的热水，能够更好地降低采油成本和环境风险。与传统的稠油蒸汽驱相比，热水驱有着无污染、成本低、效率高等优势。热水由于重力作用，常常能够驱扫蒸汽波及不到的区域，显著提高采收率[33-35]。因此，稠油蒸汽驱后转为热水驱的研究旨在探索一种更加适用且具有可持续发展性的蒸汽驱后转换开发技术。研究目的是验证热水驱对蒸汽驱开发油藏的适用性，并通过对采油过程的实验分析，深入理解热水驱对稠油储层的改造效果，以提高稠油开采效率和降低成本，从而为稠油开发提供更加广阔的发展空间，同时更好地满足能源的需求。

总的来说，低渗轻质油油藏热水驱和稠油蒸汽驱后转为热水驱的研究，对于挖掘油田剩余油潜力、改善开发效果具有重要现实意义，同时对丰富热水驱技术理论，拓展热水驱技术应用领域，也具有重要的学术和应用价值。

1.1 热水驱国内外研究概述

1.1.1 稠油油藏热水驱机理研究及应用

稠油是 21 世纪最重要的接替能源之一。在石油资源日益枯竭、成熟新能源形态发展缓慢的今天，稠油以其 2 倍于常规石油资源的储量，在我国的能源战略中占有极其重要的地位。稠油热水驱作为一种常见的提高采收率技术，是指在稠油储层中注入高温水，使稠油黏度降低、渗透率增加，促进稠油的流动和提高采收率的过程。其原理在于热水通过提高油层温度，降低了稠油的黏度，提高了油层的渗透率，从而提高了稠油的开采效率。稠油热水驱技术主要应用于低渗透、低驱替比以及黏度大、流动性差的油藏中。

稠油热水驱机理一般通过实验研究、数值模拟、现场试验和数据分析等多种方式来探究。一些研究显示，在潜山油田储层渗透率低达 $0.025 \times 10^{-3} \mu m^2$ 时，实施热水驱后的采油效率可以从 10%提高到 40%以上。采用数值模拟技术提前模拟出热水驱的物理模型，从而指导现场的施工操作，可使热水驱的效果得到进一步的增强和优化。

稠油热水驱技术目前已经在国内外广泛应用，是一种非常成熟和可靠的稠油开采技术之一。在应用中需要注意对热水处理工艺、注入量、井距、注入压力和温度等参数进行有效的设计和控制，以达到最优的增油效果。与传统的采油工艺相比，稠油热水驱不仅节约了能源，降低了开采成本，同时也达到了环境友好的效果。

吕广忠等人[36]对注热水开采稠油油藏的研究发现，注热水能够使地层温度增加从而降低原油的黏度，这是稠油油藏中注热水比常规注水原油采收率高的主要原因。注热水提高原油采收率的主要机理是：

① 降低油水黏度比和改善流度比；

② 相对渗透率的改变及残余油饱和度的变化；

③ 储层岩石及液体的热膨胀；

④ 防止储层形成高黏油带。

热水驱与其他热力采油方法相比有其独特的开发特征，主要表现在波及区域位于油层的底部以及注入热水的驱替前缘热量急剧损失两个方面。热水驱过程中，地层原油体积的增大和黏度的降低都能使绕流原油的驱替增加。尽管驱替状态会随着热水的突破而变坏，但绕流原油的驱替由于受热而得到改善，这能得到比较高的最终原油采收率。

热水驱在稠油油藏开采中的应用已经见到成效，在国内外多个稠油油藏的应用中具有良好的初步生产效果。

胜利油田渤 21 断块为一个河流相正韵律沉积的疏松砂岩稠油油藏，具有储量集中、构造简单、胶结疏松、油稠等地质特点。该油藏于 2003 年 11 月转热水驱，方案实施后，初步生产效果良好。

河南油田泌 125 区为普通稠油油藏，目前标定采收率只有 14.1%。1996 年 9 月开始在泌 1251、泌 1254、古 4506 三个井组（V2～5 层）分别进行热水（清水）驱先导试验。随着热水驱试验的展开，对气窜井实施了封、堵、调及分层注水等措施，有效缓解了平面、剖面矛盾，增加可采储量 $9.212×10^4$t，年增加产能 $2.5×10^3$t，采收率提高 5%左右，效果明显。

辽河欢喜岭油田齐 40 块中部，对齐 40-8-新 27、齐 40-9-新 27、40-9-新 26 三个井组进行转热水驱实验，于 2009 年 5 月开始由蒸汽驱转为热水驱。相比于转热水驱之前，纵向动用程度提高9%，认为转热水驱起到了提高油层动用程度的作用。

Z.B.Wu 等[37]针对稀薄重油储层中使用蒸汽吞吐后期遇到的问题进行研究。作者通过实验和数值模拟研究了热水驱对提高重油采收率的影响因素，包括水温和转化时机等。实验结果表明，最佳的热水驱水温为 120℃，而转化时机应在蒸汽注入后原油采收率达到 20%时进行。文章还建立了相应的数值模型，研究了几个敏感因素（如储层厚度、储层节律和储层异质性）对热水驱的影响。作者发现，在反韵律和复合韵律储层中，热水驱的效果是令人满意的，但在正向韵律储层中效果较差。总之，这篇文章提供了一种新方法来解决蒸汽吞吐后期遇到的问题，并为稀薄重油储层开发提供了一些有价值的参考。

Y. Ahmadi 等学者[38]探讨温度和注入速率对使用碳酸盐岩芯（也称岩心）样进行水驱油的影响。实验中使用了六个碳酸盐岩芯样，这些样品具有相同的母质水饱和度、孔隙度和渗透率，并且孔隙体积为 $35cm^3$。作者使用常规水和热水两种不同的注入液进行实验，并记录了不同注入速率和不同温度下的采收率。实验结果表明，在一定范围内，随着注入速率的增加和温度的升高，采收率也会相应地提高。例如，当注入速率从 0.5mL/min 增加到 1.5mL/min 时，采收率从 33.6%增加到 41.2%；当温度从 25℃升高到 80℃时，采收率从 33.6%增加到 45.8%。此外，作者还讨论了热水注入作为一种热采方法的优缺点，并提出了未来研究的方向。总之，这篇文章提供了有关温度和注入速率对水驱油效果影响的重要信息，并为油藏工程师提供了有用的参考。

M. Algharaib 等学者[39]讨论了影响注水效果的因素，如注水速率、重质油 API 重度（API 度是美国石油学会制定的用以表示石油及石油产品密度的量度）、井网单元的有效长宽比和注入水温度等，并通过数值模拟工具评估了这些参数对于在注入水突破时提高原油采收率的敏感性。数值模拟结果表明，通过控制注水速率、重质油 API 重度、井网单元的有效长宽比和注入水温度等参数，可以显著提高原油采收率。例如，在注水速率为 0.5m³/d 时，原油采收率可达到 45.6%，而在注水速率为 1.0m³/d 时，原油采收率可达到 54.2%。此外，他们还指出，在重质油储层中进行控制性注水操作是实现最大采收率的关键。通过合理设计注水操作可以在水突破后继续提高原油采收率。

M.M. Lv 等学者[40]使用了计算流体动力学（CFD）方法对热水驱油过程进行了孔隙尺度建模。他们使用追踪两相界面动态变化的 VOF（volume of fluid，流体体积）法，并开发了一个包括两相流和热传递的模型。通过比较热水注入和常规水注入的效果，发现热水注入可以提高油藏采收率并降低驱替压力。他们还探讨了不同润湿性下孔隙中热水驱油的行为。实验结果表明，在亲油性表面上，热水驱油效果最好；而在亲水性表面上，常规水注入效果更好。CFD 方法在孔隙尺度建模中的应用具有很大优势，可以帮助理解复杂的物理过程。但同时也存在一些挑战和限制，例如需要大量计算资源、需要准确描述物理过程等。

A. Askarova 等[41-42]对有机物（OM）组分分布进行了规定，并使用从研究现场获得的岩芯样品估计了沥青的相对含量（bitumen hydrocarbon content，BHC），BHC 与 OM 含量呈正相关关系，且 BHC 在储层中的分布不均匀，据此进行数值模拟，以解决储层饱和度矩阵对 Huff & Puff 模式下注入热水预测计算结果的影响。结果表明，在注入温度为 250℃时，驱替效率最高，可达到 30%左右。此外，文章还提到，由于最大注入温度的限制，热水驱油也可能因为热损失而变得低效。成功实施热水驱需要选择注入过程的最佳条件，如温度、生产动态等。对这些过程进行量化对于成功实现热采提高原油采收率项目至关重要，在深层碳酸盐岩油藏中使用热水驱油是一种有效的提高采收率方法。然而，由于储层异质性和温度限制等因素，需要选择最佳条件并进行量化分析以确保成功实施热水驱。

X. H. Dong 等学者[43]对比并分析了热水驱和蒸汽驱在不同温度下的特征。在较低温度下（70℃），热水驱的驱替效率高于蒸汽驱，这是因为热水能够降低油的黏度，使其更容易被排出；相对渗透率和无量纲生产指数均低于蒸汽驱，表明热水驱虽然能够提高驱替效率，但采出的油量较少且需要更大的压力差。在较高温度下（120℃），蒸汽驱的驱替效率、相对渗透率和无量纲生产指数均高于热水驱。这是因为高温下蒸汽能够更好地将油排出，并且能够改变岩石孔隙结构以提高采收率，含水率也更高。这是因为高温下蒸汽能够将水分带出，导致采出液体中含水率增加。因此，在选择热采方法时需要综合考虑油藏特征以及不同方法的优缺点。如果油藏黏度较高，可以选择热水驱；如果需要更高的采收率，则可以选择蒸汽驱。

稠油油藏中采用热水驱还存在两个问题：热水驱的加热程度和范围都不如蒸汽驱，油田开发的增产见效相对比较缓慢；热水的黏度低于冷水，在非均质性比较强的油藏中更容易发生水突破。为了弥补这些不足，可以在注热水前加一段聚合物小段塞，并用冷水顶替这个小段塞。由于聚合物段塞的黏性较高，用热水顶替冷水聚合物段塞时，聚合物段塞能够调节油层中水的流动方向，尤其是在非均质油层中，聚合物段塞能够保证水线均匀向前推进，防止水的黏性指进，并能大大延长热水的突破时间，让油藏能够受热均匀，这在油田的实际生产中是有实例的。聚合物段塞后面增加一段冷水，其目的是防止聚合物的热降解。

1.1.2 轻质油油藏热水驱机理研究及应用

B. S. Sola等学者[44]在研究热水驱在低渗透碳酸盐岩油藏中的驱替机理中提出：当岩石被加热时，油水相对渗透率的大小取决于温度、残余油饱和度的减少和束缚水饱和度的增加；即使是温度相同时，热水驱的残余油饱和度也比蒸汽驱的残余油饱和度更高；以最小的速率注入热水是不可能克服毛细管（也称毛管）末端效应（毛细终点效应）的。图1-1是B. S. Sola等在研究过程中得到的热水驱中各种机理在提高驱替效率上的贡献（从轻质油到重质油）。

T. A. Edmondson [45]在对热水驱驱替轻质油的室内研究中发现稠油（重质油）的热水驱与轻质油的热水驱显示出不同的性质。轻质油的热水驱显示典型的活塞式驱替，在水突破后只有很少量的原油生产。轻质油热水驱的最终原油采收率仅仅比在岩芯中注入 1PV 体积水时的原油采收率高一点。T. A. Edmonson 证明了温度对原油最终采收率、残余油饱和度和相对渗透率都有影响，其研究结果适用于一般的水驱和特殊的热力开采，包括这个重要的热力开采方法——热水驱。从他的试验可得出如下结论：

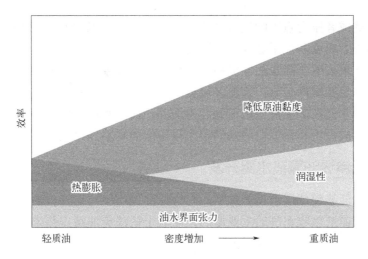

图 1-1　热水驱中各种机理对驱替效率的贡献图

① 随着温度的升高，残余油饱和度降低而导致最终采收率增大；

② 油水渗透率比随着温度的变化而变化；

③ 油田水驱开采预测需要在真实水驱温度下使用油藏流体的相对渗透率数据。如果相对渗透率比是在室温下推算出来或者驱替数据是以轻质油为基础的，那么会预测出一些错误的性质。

由于整个模拟地层都被加热，这些工作的结果比较真实。然而在热力前缘后面的区域，需要更多理论和研究工作来弄清楚驱替效率受到热力前缘通过整个含油层对其影响的程度，因此，热水驱在轻质油油藏中的驱替机理还有待完善和改进。

尽管热水驱是一个比较老的方法，但是热水驱在石油工业中并没有作为一个驱替途径被广泛应用。在 Pennsylvania 油田，热水驱被广泛应用，该油田水的渗透率和注入速率都很低。在这些情况下，热水驱主要是用来作为增加注入率的一种方法，而不是作为一种提高采收率的途径。

W. L. Martin 等学者[46]在 Oklahoma 南部 Loco 油田试点实验所得到的结果：在有 600mPa·s 原油的油藏中，自从引入了热水驱技术和经验后常规水驱就突破了经济限制问题。从九口井中得到的温度数据显示，试点中约有 75%的区域受到热能的影响，并且在试点区域中热能损失很严重。热水驱过程中大约 60%的注入热量在盖层和下伏层中损失。在注入管线与套管间提供了一层低压空气环后，浅层中井筒热量损失保持在一个可接受的水平上。

热水驱使得水的注入量增加了 200%~400%。热水以三个方向穿过含油相对较低的油层，贯穿相对含水饱和度较高的区域。在试点中没有确切的证据证明天然裂缝或者压力点影响流体的流动性质，但可以确定的是流体的流动会受地层初始压力梯度和注采速度比的影响。

实验结果表明，热水驱能提高原油采收率，高温能够增加水的注入量，由于砂岩的垂直和横向传导，绕流区域被加热。缺点是一些注入水需要六个月或更久的时间才能在热能前缘之前到达生产井，而热水驱温度较高、注入水水质不好容易形成钙垢和镁垢而堵塞储层，且生产的水油比比较高。

1.1.3 低渗透油藏热水驱开发

注热水能够使地层温度增加从而降低原油的黏度，这是稠油油藏中注热水比常规注水原油采收率高的主要原因。而对于低渗透油藏，热采是目前较为前沿的新技术，国内外相应的研究较少。

1.1.3.1 低渗透油藏概念及分类

低渗透油藏是一个相对的概念，是依据储层物性划分出的一种油藏类型，指油层孔隙度低、喉道小、流体渗流能力差、产能低、通常需要对储层进行改造才能获得工业油流的油藏。目前，低渗透储层的岩石类型包括砂岩、粉砂岩、砂质碳酸盐岩、石灰岩、白云岩等，但主要以致密砂岩储层为主。根据低渗透储层孔隙度和渗透率特征，可分为两类：一类为高孔低渗层，该类储层主要由沉积粒度比较细的粉砂岩构成，孔隙度相对较高（原始孔隙度可达 10%～40%），但是由于颗粒粒度较细，粒内和粒间孔隙度小且束缚水饱和度一般在90%左右，所以空气渗透率很低；另一类为低孔低渗储层，孔隙度和空气渗透率均较低，孔隙度一般在 3%～12%，毛细管压力相对较高，束缚水饱和度一般在 45%～70%，由于孔隙主要是由分散的微孔洞构成，且孔洞之间的连通性差，所以其渗透率极低。

低渗透储层的形成主要与沉积作用、成岩作用和构造作用有关。按照成因不同可以将低渗透储层分为原生低渗透储层、次生低渗透储层和裂缝性低渗透储层[47]。原生低渗透储层主要受沉积作用的影响，沉积物粒度细、泥质含量高、分选差、以原生孔为主，储层大多埋藏较浅，未经历强烈的成岩作用改造，岩石脆性低、裂缝不发育、孔隙度较高，而渗透率较低，多数为中高孔低渗型。次生低渗透储层主要是各种成岩作用改造的结果，这类储层原本是常规储层，但是经压实作用和胶结作用等，极大地降低了孔隙度和渗透率，原生孔隙残留较少，形成致密层。我国已发现的低渗透储层主要是这类储层。裂缝性低渗透储层主要受构造影响。一些比较致密的岩石脆性较大，成岩后期构造作用产生的外力可以使一些脆性比较大的致密岩石发生断裂，形成构造裂缝，从而提高储层渗透率，形成裂缝性低渗透储层。裂缝既是有效的储集空间，也是主要的渗流通道[48]。

然而，由于目前全球对于低渗透储层的概念认识还不完全一致，因此还未形成统一的低渗透储层的分类和评价标准。世界各国的划分标准和界限因不同国家、不同时期的资源状况和技术经济条件不同而各异。但在同一国家、同一地区，随着认识程度的不断提高，低渗透油气藏的划分标准和概念正在不断地发展和完善。

苏联和美国学者把渗透率小于$100 \times 10^{-3} \mu m^2$的油田称为低渗透油田。在中国，相关的专家和学者根据不同的研究对象，提出了多种分类方案。1986年罗蛰潭、王允诚等[49]提出将渗透率小于$100 \times 10^{-3} \mu m^2$的储层作为低渗透储层，并根据储层孔隙结构及毛管压力（后文也称毛管力）参数将砂岩储层分为四大类。严衡文等将渗透率大于$100 \times 10^{-3} \mu m^2$的储层定义为正常储层，将渗透率在$10 \times 10^{-3} \sim 100 \times 10^{-3} \mu m^2$之间的储层定义为低渗透储层，将渗透率在$0.1 \times 10^{-3} \sim 10 \times 10^{-3} \mu m^2$之间的储层定义为特低渗透储层。

李道品[50-51]结合油田生产实际，把低渗透油藏的渗透率上限定为$50 \times 10^{-3} \mu m^2$，同时提出了"超低渗透"的概念，并按其渗透率大小及开采方式的不同，将其分为三种类型：第一类为一般低渗透油田，油层平均渗透率为$10 \times 10^{-3} \sim 50 \times 10^{-3} \mu m^2$；第二类为特低渗透油田，油层平均渗透率为$1 \times 10^{-3} \sim 10 \times 10^{-3} \mu m^2$；第三类为超低渗透油田，油层平均渗透率为$0.1 \times 10^{-3} \sim 1 \times 10^{-3} \mu m^2$。

① 第一类储层的特点接近于正常储层。地层条件下含水饱和度$25\% \sim 50\%$，测井油水层解释效果好。这类储层一般具有工业性自然产能，但在钻井和完井中极易造成污染，需采取相应的油层保护措施。开采方式及最终采收率与常规储层相似，压裂可进一步提高其产能。

② 第二类储层是最典型的低渗透储层。含水饱和度变化较大（$30\% \sim 70\%$），部分为低电阻油层，测井解释度较大。这类储层自然产能一般达不到工业性标准，需压裂投产。

③ 第三类储层属致密低渗透储层。由于孔喉半径很小，因而油气很难进入，含水饱和度多大于50%。这类储层已接近有效储层的下限，几乎没有自然产能，需进行大型压裂改造才能投产，必须采用高新技术，才能从经济上获得效益。

综上所述，目前我国在低渗透储层划分的渗透率上限已经达成共识，即普遍将渗透率$50 \times 10^{-3} \mu m^2$作为低渗透碎屑岩储层的渗透率上限，并基本形成大的分类框架，公认的分类标准见表1-1。该标准将低渗透油藏分为低渗透（渗透率$10 \times 10^{-3} \sim 50 \times 10^{-3} \mu m^2$）、特低渗透（$1 \times 10^{-3} \sim 10 \times 10^{-3} \mu m^2$）、超低渗透（$0.1 \times 10^{-3} \sim 1 \times 10^{-3} \mu m^2$）。

表 1-1 含油碎屑岩储层孔隙度和渗透率评价分类标准

级别	特高	高	中	低	特低	超低
孔隙度/%	＞30	25～30	15～25	10～15	5～10	＜5
渗透率/×$10^{-3}\mu m^2$	＞2000	500～2000	50～500	10～50	1～10	0.1～1

大量生产实践经验表明，超低渗透油藏储层致密，成藏控制因素及油气聚集成藏机理较为复杂[52-54]。而且超低渗透油藏束缚水饱和度高、含油饱和度低、孔隙度低、喉道小、流体渗流能力差，一般情况下没有自然产能，在常规技术条件下不具备工业开发价值。只有采取一定的特殊技术措施，超低渗油藏才能获得达到工业标准的油井产能。另外，由于超低渗油藏的油井产量低，高产稳产难度大，需要不断革新开发技术，应用各种技术手段提高油井产能，更加经济有效地开发超低渗油藏[55]。

1.1.3.2 国外已进行的现场试验研究

低渗透油田尤其是高压低渗透油田初期压力高、天然能量充足，最好首先选用自然能量开采，尽量延长无水和低含水开采期，国外一般都先利用弹性能量和溶解气驱能量开采，但是油层产能递减快，一次采收率低，只能达到8%～15%。进入低产期后再转入注水开发，采用注水保持能量后，二次采收率可提高到25%～30%[56]。

经过对美国、苏联、加拿大以及澳大利亚等国的 20 多个低渗透油田的调查研究发现[57-58]，天然能量以溶解气驱为主，其次为边水驱和弹性驱。含水饱和度最高为 55%，最低为 8%。平均为 22.7%，一次采收率最高为 30%（美国的快乐泉弗朗梯尔"A"油藏），最低为 6.5%（加拿大帕宾那油田），平均为 15.8%。二次采收率最高为 31%（苏联的多林纳维果德油藏），最低为 1.5%（美国的斯普拉柏雷油田），平均为 25.39%。据国外油田的统计资料表明，大部分是优先利用天然能量开采，只有极少数油田投产即注水。注气也成为许多低渗透油田二次和三次开采方法，如西伯利亚低渗透油田，采用注轻烃馏分段塞、干气段塞和气水混合物达到混相驱，驱油效率比水驱提高了 13%～26%，取得了令人满意的效果。斯普拉柏雷油田从 1995 年起着手进行注 CO_2 开发可行性研究，1997 年底已完成室内研究，随即进行矿场试验，第一年采油速度达 6%。

在 Teapot Dome 油田的一个低渗透、裂缝油藏进行热采试验，虽然结果并没有达到预期设计的目标，但是却证实了对低渗透轻质油藏进行热采是可行的。同时在 Yates 油田也进行了现场试验，以确定热采是否可以经济地提高产量。

在美国、加拿大、印度尼西亚和委内瑞拉，对浅层重油砂进行热采已是一种成熟和成功的大型商业化开采技术。由于二次采油后的石油储量一般较低，而热采成本又较高，因此即使在深度和其他因素都有利的地方，轻质油藏也很少使用热采技术。与重油热采项目不同，目前还没有大型商业化轻质油项目可作为类比，不过，文献中记录了一些现场试验，既有成功的也有失败的。

Chevron 公司根据轻质油热采矿场试验情况，分析总结了过去成功和失败的原因，认为成功的项目可以分为三种不同地质背景的油藏。

（1）碳酸盐岩油藏或裂缝发育的低渗透油藏

对于这类油藏，注热水/蒸汽开发的主要机理表现为：利用热水/蒸汽作为传热介质，加热裂缝内原油；利用热水/蒸汽的热降黏作用，降低剩余油饱和度，提高基质的驱油效率，从而提高采收率。典型的应用实例有美国的 Teapot 油田、法国的 Lacq 油田。

（2）带气顶的厚层状油藏

对于该类油藏，在注热水/蒸汽的同时向气顶中注入天然气，扩大气顶体积，加速重力泄油，从而提高原油采收率。典型应用实例有美国的 Shiells 油田、Smackover 油田。

（3）具有有利地质特征的砂岩油藏

对于那些有大倾角或具有均质性好等特征的砂岩油藏，进行热采有望取得较好的开发效果。典型实例有荷兰 Schoonbeek 油田、美国的 Brea 油田（均质砂岩）。

纵观失败的现场试验，分析认为导致失败的主要原因是对油藏地质缺乏准确详细的认识，具体总结不成功的项目有两种类型：

① 层状砂岩油藏存在高渗窜流通道，导致热水/蒸汽过早突破。如宾夕法尼亚州的 Triumph 油田、堪萨斯州的 El Dorado 油田、加利福尼亚州的 Buena Vista Hill 油田等。

② 对油藏认识不清，油藏含油饱和度标定偏高。典型实例有美国加州 Elk Hill 油田 NPR-1 项目。

根据国内外不同规模矿场实际，有一定效果的二次采油方法有：混相烃驱油法、二氧化碳驱油法、水气交替注入和周期注气等[59-61]。据俄罗斯 2000 年《石油业》报道，注气和水气混合驱油开采低渗透储层是比较有前景的。他们利用自动评价系统，对低渗透油藏的层系进行评价分析，建议对低渗透油藏进行注二氧化碳、注气态烃、周期注蒸汽驱油、热水等开发方法。

国外大量研究和实践证明，当前低渗透油田开发中，广泛应用并取得明显经济效益的主要技术，仍然是注水保持油藏能量、压裂改造油层和注气等技术，储层地质研究和保护油层措施是油田开发过程中的关键技术。

1.1.3.3　国内已进行的现场试验研究

通过"九五"以来的研究攻关和试验，我国在对低渗透油田特征的认识、开发决策和工艺技术等各个方面，都有较大发展和提高，这主要体现在以下几个方面。

（1）开发战略决策

在开发战略决策方面，转变发展理念，采取了一系列重要举措来推动低渗透油田的发展。从过去注重产量向注重效益转变，注重经济可采量而非地质储量的开发，从传统的依赖投资向以创新驱动为核心转型，以及从传统生产模式向精益生产模式转变。这些转变的目的是集聚新动能，探索低渗透油气田高质量发展的新模式，并确立了"稳油增气、持续发展"的战略目标。

（2）储层特征研究方面

针对低渗透油田的储层特征，进行了深入研究。首先，利用地震预测和测井资料，采用多参数逐级联合反映的方法，预测储层分布和含油气程度。其次，通过露头和岩芯观测、常规和成像测井、地应力测定和地质建模等技术，研究储层裂缝特征并预测其分布。此外，还利用核磁共振新技术，研究储层的微观孔隙结构和可动流体饱和度之间的关系。

（3）渗流机理研究方面

在低渗透油田的渗流机理研究方面取得了重要进展。首先，通过深入的实验研究，进一步认识了非达西渗流的特征，并初步建立了非达西渗流方程和数值模拟软件。其次，通过实验证实了低渗透储层具有强烈的压力敏感性，以及流固耦合作用对储层物性产生的重要影响。此外，发现渗吸作用在低渗透储层中也起到重要作用，初步确定了与渗吸作用相协调的最佳驱油速度。

（4）油田开发方法和井网布局方面

在油田开发方法和井网布局方面，进行了系统研究。首先，根据生产实践观察到，先期注水能够维持较高的生产能力，相对于滞后注水具有明显的优势。同时，也初步开展了注气方式的开采试验。其次，进一步观察研究了低渗透油田注水开发后地下压力场和流体场的分布特征和规律。此外，通过现场生产试验和深入观察分析，在确定合理井距的基础上，结合油藏工程和数值模拟技术，开展了合理注采井网的研究。

（5）钻采工艺技术方面

在低渗透油田的钻采工艺技术方面取得了重要突破。首先，发展了适用于自适应低渗透油田开发的钻井工艺技术，特别是针对裂缝性低渗透油藏，欠平衡钻井技术的应用效果十分明显。其次，整体高效的水力压裂技术得到了新的发展，通过将压裂技术与开发井网有机结合，既获得了良好的开发效果，也实现了经济效益的提升。此外，针对低渗透油田油井产量低的特点，还试验和发展了低成本的采油工艺技术，如无油管、螺杆泵、提捞以及活动采油和注水技术。

通过以上的研究攻关和试验，中国在低渗透油田的特征认识、开发决策和工艺技术等方面取得了显著进展，为低渗透油田的高质量开发和持续发展提供了重要支撑和指导。

中国石油勘探开发研究院与大庆油田采油十厂共同开展了朝阳沟低渗透油田蒸汽吞吐开采研究。物理模拟研究表明，高温蒸汽降低原油黏度、解堵和降低剩余油饱和度，是含蜡低渗透油藏增产的主要机理。2002 年 9 月分别对朝 142-69 井和朝 146-70 井进行蒸汽吞吐试验研究，每天各注入 150t 蒸汽（各累计 1500t）。截至 2003 年 6 月底，朝 142-69 井吞吐期间的平均日产油 3.9t，比普通水驱增油 436t；朝 146-70 井吞吐期间平均日产油 6.8t，比普通水驱增油 685t。可见对于渗透率为 $5×10^{-3}μm^2$、原油黏度为 40mPa·s 的低产储集层增产效果是明显的。

大庆油田对聚驱（聚合物驱）后油藏——葡北三断块试验区从 2003 年 6 月 19 日开始注汽，到 10 月 19 日停止注汽，累计注汽量 17862t。蒸汽驱阶段以及后续水驱阶段累计产油 6967t，提高采收率 0.96%，比蒸汽驱前提高 0.51%。分析认为：随着注入热焓量的增大，注采井间热连通程度提高，注采压差不断增大，压力低方向的生产井首先见到反应。当蒸汽前缘向前移动时，前缘带温度升高，使原油从高温区被驱替到低温区，导致原油的大量聚集而形成油墙。当油墙推进至生产井井底附近时，井组产油量迅速上升。在该阶段，井组内 4 口生产井日产油保持在 7～10t，个别井达到 15t。

中国石油勘探开发研究院还对吉林扶余油田用油藏工程方法研究了热采可行性。根据初步研究，热采可在现有采出程度的基础上提高采出程度 27% 左右；若实际运行的结果能提高采出程度 20%，那么增加可采储量 $2.6×10^7$t。而且一般热采的采油速率比普通水驱提高 1～3 倍，累计采出程度可达到 52%。

目前，轻质油热采推广的主要障碍在于成本，一般只有那些冷采方法收效较低时才会使用热采方法。但是针对具有哪些地质、岩性特征的轻质油油藏更适合热采，能最大限度发挥效果，还没有一个完善的标准。轻质油热采的主要机理是热膨胀作用、降黏作用和蒸馏作用等，如何通过注采工艺的改善加强这些作用还需进一步研究。热采配合其他化学助剂加强驱油作用在稠油开采中是一项较为成熟的技术，在轻质油热采中如何做到经济可行，目前相关研究还较少。

1.2 国内典型热水驱油藏特征和开发概述

1.2.1 典型超低渗透油藏

1.2.1.1 油藏地质特征

该典型超低渗透油田隶属于长庆油田管辖,面积约 167km^2,属黄土塬地貌。地表为 100～200m 厚的第四系黄土覆盖,地形复杂,沟壑纵横,梁峁参差。河流下切较深的河谷中,可见岩石裸露。地面海拔 1350～1660m,相对高差 310m 左右。

区内多为内陆山涧限制河流,如洛河、葫芦河等,当地居民人畜饮用水以河谷中第四系黄土裂隙渗滤水为主,工业用水主要是开采第四系宜君洛河组中的地下水,埋深在 400m 以下,矿化度为 2～3g/L,单井稳定产水量 500m^3/d。

油田位于鄂尔多斯盆地伊陕斜坡一级构造单元中部偏西南。上三叠统延长组为一套以大型凹陷盆地为背景,盆缘以河流和三角洲相为主,盆内以湖泊相为主的陆源碎屑岩沉积,厚度在 1000～1300m 之间,底部与中三叠统纸坊组呈假整合接触,顶部有不同程度的侵蚀,与下侏罗统延安组呈假整合接触。

自下而上按岩性可划分为 5 个岩性段(T2y1～T3y5);按凝灰岩标志层(K0～K9)的出现和电性及含油气性,又可划分为 10 个油层组(长 1～长 10 油层组)。其中长 7 油层组沉积期是湖盆发育鼎盛时期,也是延长组中烃源岩沉积最发育的时期。长 6 油层组为一套砂、泥岩呈旋回性韵律互层的组合,厚 120～150m,自下而上可细分为长 6$_3$、长 6$_2$、长 6$_1$ 三个油层,与下伏长 7 油层组整合接触。区域岩相古地理格局受长 7 最大湖侵后,基底逐渐抬升回返和周缘碎屑物强烈进积充填影响,以正北的阴山古陆为主物源方向,在地区北部发育有自北而南向湖盆方向延伸的吴旗-靖边-安塞三角洲裙带,于三角洲前缘因沉积体失稳发生重力滑塌而形成白豹地区半深湖-深湖背景下的滑塌浊积扇沉积体系,具备优越的以自生、自储、自盖为特征的岩性油气成藏条件。

1.2.1.2 构造特征

(1) 区域构造特征

鄂尔多斯盆地地处中国东西两大构造单元的中间过渡带,它是一个古生代稳定沉降,中生代拗陷自西向东迁移,新生代周边扭动、断陷的多旋回克拉通盆地。构造演化符合盆地原型说和盆地发展阶段论,其地史轨迹是由陆核地块

（太古代）—克拉通拗拉谷（中上元古代）—浅海台地（下古生代）—局限海、陆缘平原（上古生代）—内陆盆地（中生代）—周边断陷（新生代）组成。中生代初期为大华北盆地的一个主体拗陷，至白垩纪演变为独立的内陆盆地，侏罗纪开始的燕山运动与盆地西缘发生大规模的推覆冲断，形成前缘拗陷，盆地东部整体抬升形成大型西倾单斜，奠定了现今的构造格局。

该区三叠系延长组早期构造比较简单，总体为一个平缓的西倾单斜，倾角不足1°，在单斜背景上由于差异压实作用，从长10～长3各个时期，在局部形成起伏较小、轴向近东西或北东向（隆起幅度10～30m）的鼻状隆起。这些鼻状隆起与三角洲砂体匹配，对油气富集有一定控制作用，受印支运动影响，三叠纪末期，该区随盆地整体抬升，地表遭受不同程度的剥蚀，侏罗纪时，由于盆地的整体抬升，大面积缺失长2、长1地层。侏罗纪延安组早期，盆地开始缓慢下沉，接受延安组延10、延9沉积，如图1-2所示。

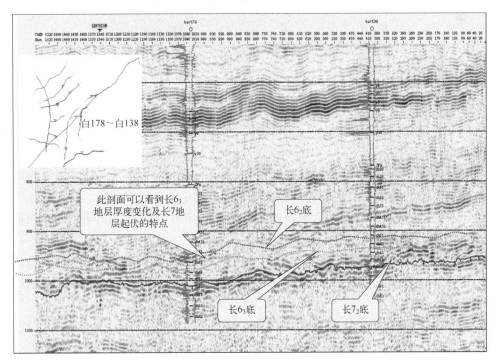

图1-2 地震剖面长 6_3 构造展示图

（2）小层单元构造特征

井区在区域构造上属陕北斜坡西南端，在这一低缓单斜的总体背景下，发育了井区轴向为近东西向的低幅隆起，从该区长 6_3 砂层组各单元顶部构造可以看出,该区构造整体上为东高西低,宽缓西倾斜坡,构造平缓,坡度较小,局部形成起伏较小,轴向近东西或东北向的鼻状隆起,如图1-3所示。

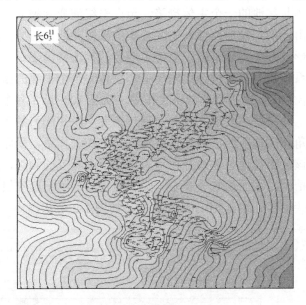

图1-3　井区长 6_3^{11} 顶构造图

在井区大的鼻状隆起内,由于差异压实作用,研究区内各小层形成一些低幅构造高点。

长 6_3^{11} 构造形态为在近东西轴向的低幅隆起背景上,多个次一级小型鼻状隆起构造组合,大致可归纳为6个鼻状隆起带,其中4个规模稍大,2个较小。

1号鼻状隆起带,轴向近东西向,西倾,圈闭幅度不大。在间距为5m的构造等值图上显示闭合幅度＜5m,较平缓。

2号鼻状隆起带,轴向北东东向,倾末端为西倾,圈闭幅度不大,但在局部地区发育一个正向小型圈闭,高点海拔-516m,闭合幅度约8m,圈闭面积约0.65km²。

3号鼻状隆起带,基本上与2号隆起带平行,轴向北东东向,倾末端为西倾,圈闭幅度不大。

4号鼻状隆起带,轴向北东向,西倾,中部轴向弯曲较大,发育有闭合幅度4~5m的正向小圈闭,但闭合面积不大。

5号鼻状隆起带,轴向北东向,倾末端为南西倾,较平缓,构造规模亦较小,鼻状隆起带长约5km。

6号鼻状隆起带,轴向南东向,倾末端为北西倾,沿轴线方向局部地区陡缓不均，构造规模较小，鼻状隆起带长约4km。高点海拔-497m，闭合幅度6～8m。闭合面积较小。

除以上 6 个规模较大的鼻状隆起带外，局部地区还发育多个正向和负向的小闭合圈闭，正向小圈闭都处于鼻状隆起带上。对于油气的聚集成藏作用等不可忽视，负向小圈闭的井位置都处于 2 号、3 号、4 号鼻状隆起带之间的坡谷地带。

长 6$_3$ 砂岩组其他各小层单元长 6$_3^{12}$ ～长 6$_3^{32}$ 整个的构造格局跟长 6$_3^{11}$ 基本相同，6 条规模化鼻状隆起带没有变化，仅是在局部地带有所偏移，正向小圈闭都处于鼻状隆起带上。而负向的小圈闭仍分布于鼻状隆起带之间的坡谷地带。

1.2.1.3　储层特征

储层岩石学特征：井区长 6$_3$ 储层岩性主要为粉细-细粒长石砂岩，碎屑成分以长石为主，含量高达 50.4%，其次为石英 21.1%，岩屑 11.5%；填隙物中铁方解石含量最高为 6.13%，其次为绿泥石 4.8%（表 1-2）。

表 1-2　井区长 6$_3$ 储层岩矿组合

矿物	石英	长石	岩屑	高岭石	铁方解石	绿泥石	水云母	硅质	其他
含量/%	21.1	50.4	11.5	0.6	6.13	4.8	3.42	0.4	1.65

长6$_3$储层岩性主要为粉细-细粒长石砂岩，储层粒径分布中中砂含量仅为0.37%，细砂含量达88.79%，图解法测得的偏度为1.59，尖度为9.86，粒度中值0.11（表1-3）。

受沉积环境和成岩作用的影响，X-衍射黏土矿物分析表明该区长 6$_3$ 黏土矿物以绿泥石为主，含量高达 76.32%；其次为伊利石，含量为 18.43%，伊/蒙间层含量为 5.24%，伊/蒙间层比<10（表 1-4）。

表 1-3　井区长 6$_3$ 储层粒级分布

粒级分布					图解法					
粗砂	中砂	细砂	粉砂	泥	平均值	标准偏差	偏度	尖度	C 值/mm	M 值/mm
$-1<\varphi\leqslant1$	$1<\varphi\leqslant2$	$2<\varphi\leqslant4$	$4<\varphi\leqslant8$	$\varphi>8$						
0.00%	0.37%	88.79%	8.17%	2.63%	3.29	0.73	1.59	9.86	0.22	0.11

注：C 值是粒度分析资料颗粒含量1%处对应的粒径；M 值为50%处对应的粒径，即粒度中值。

表 1-4　井区长 6$_3$ 储层黏土矿物统计

黏土矿物含量/%				伊/蒙间层比
伊利石	伊/蒙间层	高岭石	绿泥石	
18.43	5.24	0.00	76.32	<10

储层物性特征：岩芯分析资料表明，该区储层整体上表现为低孔、超低渗特征，但孔渗分布范围大，非均质性强。储层孔隙度主要分布在6%～16%，平均孔隙度10.8%，渗透率主要分布范围0.04×10^{-3}～0.6×10^{-3}μm^2，平均渗透率0.34×10^{-3}μm^2，属于超低渗储层，如图1-4所示。

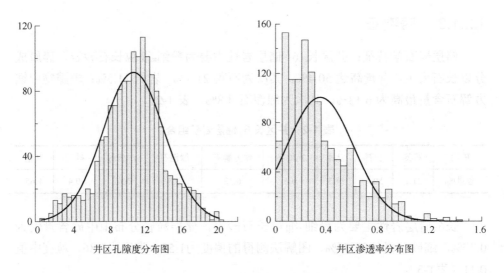

井区孔隙度分布图　　　　井区渗透率分布图

图 1-4　长 6$_3$ 储层物性分布图

1.2.1.4　流体性质

（1）地层原油性质

井区长 6$_3$ 层地层原油密度为 0.723g/cm^3，地层原油黏度为 1.07mPa·s，饱和压力为 12.08MPa，地层温度为 69.7℃，溶解气油比为 115.7m^3/t（表 1-5）。

（2）地面原油性质

长 6$_3$ 层地面原油密度为 0.853g/cm^3；地面原油黏度为 6.40mPa·s；不含硫；初馏点为 71.0℃，凝固点为 21.0℃（表 1-5）。

表 1-5 原油主要性质

地层原油					地面原油			
密度/（g/cm³）	黏度/（mPa·s）	溶解气油比/（m³/t）	饱和压力/MPa	温度/℃	密度/（g/cm³）	黏度（50℃）/（mPa·s）	初馏点/℃	凝固点/℃
0.723	1.07	115.7	12.08	69.7	0.853	6.40	71.0	21.0

（3）地层水性质

从地层水分析结果来看，井区长6_3油层地层水为$CaCl_2$水型，其总矿化度为113000.18mg/L（表1-6）。说明该油藏封闭性好，有利于油气的聚集和保存。

表 1-6 长6_3油层地层水分析数据

阳离子/（mg/L）			阴离子/（mg/L）			pH	总矿化度/（mg/L）	水型
Na^++K^+	Ca^{2+}	Mg^{2+}	Cl^-	SO_4^{2-}	HCO_3^-			
34621	6245	79	67113	0	0	6.7	113000.18	$CaCl_2$

（4）原油伴生气性质

井区长 6 原油伴生气 CH_4 含量为 70.33%，C_2H_6 含量为 13.68%，总含烃 98.078%；含空气 1.732%，含氮气 1.516%，含二氧化碳 0.203%，相对密度为 0.793。

1.2.1.5 储层敏感性分析

分别对区块内 5 口井取样，目标层位为长6_3，对岩芯样品编号，开展储层敏感性分析，岩芯样品编号见表1-7。

表 1-7 长6_3储层岩芯样品编号

井号	样品深度/m	层位	岩芯编号
白123	2105.99	长6_3	A_1、A_2、A_3、A_4
白123	2110.75	长6_3	B_1、B_2、B_3、B_4
白211-33	2176.70	长6_3	C_1、C_2、C_3、C_4
白211-33	2187.36	长6_3	D_1、D_2、D_3、D_4
白111	2114.00	长6_3	E_1、E_2、E_3、E_4
白135	2007.23	长6_3	F_1、F_2、F_3、F_4
白124	2110.42	长6_3	G_1、G_2、G_3、G_4

（1）水敏试验结果

根据对研究区 5 口取心井 7 个样品的水敏试验分析结果可知，本区长 6 油层组储层主要表现为弱水敏、中～弱水敏的性质（表 1-8）。

表 1-8　储层水敏试验分析结果

岩芯编号	气体渗透率/×10⁻³μm²	孔隙度/%	地层水渗透率/×10⁻³μm²	无离子水渗透率/×10⁻³μm²	水敏指数	水敏程度
A₁	0.344	14.4	0.102	0.092	0.100	弱水敏
B₁	0.166	9.4	0.017	0.011	0.340	中等偏弱
C1	0.182	13.8	0.014	0.012	0.127	弱水敏
D₁	0.170	13.4	0.013	0.012	0.103	弱水敏
E₁	0.400	17.6	0.130	0.098	0.230	弱水敏
F₁	0.136	11.6	0.018		0.017	
G₁	0.147	12.4	0.014		0.104	

（2）盐敏试验结果

本次研究共进行了 7 个长 6 油层组储层样品的盐敏试验，试验结果见表 1-9。由表 1-9 中可以看出，研究区长 6 油层组储层绝大部分为弱盐敏储层。

表 1-9　储层盐敏试验分析结果

岩芯编号	气体渗透率/×10⁻³μm²	孔隙度/%	地层水渗透率/×10⁻³μm²	无离子水渗透率/×10⁻³μm²	稀释后地层水渗透率/×10⁻³μm²					临界盐度/（mg/L）	盐敏程度
					75%	50%	35%	25%	0%		
A₂	0.344	14.4	0.102	0.092		0.112		0.103		>2000	弱盐敏
B₂	0.166	9.4	0.017	0.011		0.017		0.017		>2000	弱盐敏
C₂	0.200	13.5	0.017		0.018	0.178	0.017	0.016	0.015	14700	弱盐敏
D₂	0.160	12.5	0.011		0.011	0.011	0.010	0.011	0.011	14700	弱盐敏
E₂	0.382	17.6	0.130	0.098		0.130		0.120		>2000	弱盐敏
F₂	0.164	11.9	0.025		0.025	0.025		0.026	0.028		无盐敏
G₂	0.144	12.4	0.015		0.015	0.016		0.017	0.017		无盐敏

（3）速敏试验结果

本次研究共进行了 7 个长 6 油层组储层样品的速敏试验，速敏试验条件：驱替液体为地层水，矿化度 11.4%，试验温度 49℃，试验结果见表 1-10。试验结果表明，研究区长 6 油层组储层大部分为中等～弱速敏储层，部分为无速敏储层。

表 1-10 储层速敏试验分析结果

岩芯编号	气体渗透率/ ×10⁻³μm²	孔隙度/ %	临界流速/ (m/d)	损害率/ %	速敏指数	速敏程度
A₃	0.335	14.4	4.77	26.08	0.260	弱速敏
B₃	0.182	9.8	3.03	51.11	0.510	中等速敏
C₃	0.162	13.8				无速敏
D₃	0.178	13.4				无速敏
E₃	0.389	17.5	4.80	34.33	0.34	中等偏弱
F₃	0.164	11.8			0.255	弱
G₃	0.174	13.2			0.116	弱

（4）酸敏试验结果

共进行 7 个长 6 油层组储层样品的酸敏分析，试验酸液均为盐酸，其浓度为 15%，试验温度 49℃，注入体积倍数小于 0.64～1.01，分析结果见表 1-11。从试验数据可见本区长 6 油层组储层普遍存在弱～中等的酸敏，酸敏程度与注入酸液浓度、注入酸液体积关系不大。试验结果与本区长 6 油层组储层中富含含铁矿物（云母、绿泥石、铁方解石、铁白云石等）的结论一致。

表 1-11 储层酸敏试验分析结果

岩芯编号	气体渗透率/ ×10⁻³μm²	孔隙度/ %	地层水渗透率/ ×10⁻³μm²	酸液	酸后地层水渗透率/ ×10⁻³μm²	酸敏指数	酸敏程度
A₄	0.400	14.3	0.109		0.081	0.260	弱酸敏
B₄	0.190	9.8	0.024		0.007	0.720	强酸敏
C₄	0.189	13.8	0.018	HCl	0.009	0.513	中等酸敏
D₄	0.174	13.1	0.013		0.007	0.450	中等酸敏
E₄	0.400	17.4	0.130		0.120	0.050	弱酸敏
F₄	0.148	11.7	0.027		0.027	0	无
G₄	0.178	13.2	0.029		0.011	0.658	极强

1.2.1.6 油藏类型

鄂尔多斯盆地演化史以其稳定性为特征，具有持续沉降、整体抬升、坡降宽缓、背斜微弱、近于水平接触等地质特征。缺乏形成构造型油气聚集和富集的二级构造带。该超低渗透井区长6_3油层组油藏类型基本上分为两类：构造-岩性油藏和岩性油藏。

（1）构造-岩性油藏特点

构造-岩性油藏是由低幅背斜或鼻状构造与河道砂共同控制。该超低渗透井区长 6_3 油层组油藏，在东高西低宽缓的单斜背景上，发育有低幅隆起背斜、鼻状构造，可形成低幅背斜、鼻状-岩性油藏，这类油藏在全区分布比较广泛，如长 6_3^{11} 油藏，圈闭幅度达 10m，构造控制为主，岩性次之。

（2）岩性油藏特点

岩性油藏是指浊积水道及浊积叶状体砂体上倾尖灭，形成岩性油藏。井区长 6_3 油层组油藏主要受浊积水道及浊积叶状体控制，水道多呈北东南西方向展布，有的被浊积漫溢相所分割，形成岩性油藏，如白 153 井区长 6_3^{21} 油藏。有的可形成水道砂体上倾尖灭油藏，如井区长 6_3^{12} 油藏。

1.2.2 典型普通低渗透油藏

1.2.2.1 井区油藏地质特征及流体特性

（1）区块构造

该井区为典型普通低渗透油藏，长 10 油藏位于陕北斜坡中段西倾单斜上近东西向的低缓鼻状隆起带上，属构造-岩性油藏，油藏上倾方向为岩性控制，下倾方向和主砂体延伸方向受构造和物性变化控制，边底水不活跃，属弹性溶解气驱动类型。

该普通低渗透井区长 10 油藏主力层为长 10^{12} 层，利用小层精细对比、单砂体追踪等技术，对长 10^{12} 小层三分，主力产油层为长 10^{12-2}，平均宽度 3.2km，平均油层厚度 7.45m，平均孔隙度 10.3%，渗透率 $8.6\times10^{-3}\mu m^2$。以灰色、灰白色长石砂岩、岩屑长石砂岩为主，砂岩粒度以细-中粒、中-粗粒为主，还见巨-粗粒。磨圆度以次棱角状为主，分选中-好，胶结类型以薄膜-孔隙型为主。该区含油面积 26.1km^2，油藏地质储量 9.675×10^7t。

（2）储层物性

储层物性差异较大，北区油层厚物性相对较好，南区油层相对较薄，物性相对较差。北区油层厚度9.08m，渗透率20.78×$10^{-3}\mu m^2$；南区油层厚度7.38m，渗透率0.488×$10^{-3}\mu m^2$。井区长10油藏地面原油密度0.82g/cm^3，地层原油体积系数1.349，气油比为116.8m^3/t。平均地层温度60.5℃，平均原始地层压力13.05MPa，饱和压力10.78MPa，地饱压差2.27MPa，压力系数0.79。

（3）非均质性

平面、层内非均质性强，岩芯分析北区平均渗透率 $20.78\times10^{-3}\mu m^2$，突进系数：最小 4.96，最大 52.8，平均 18.32；级差：最小 265.11，最大 6539.68，平均 2136.49；变异系数：最小 1.57，最大 5.22，平均 2.59。

岩芯分析南区平均渗透率 $0.47\times10^{-3}\mu m^2$，突进系数：最小 2.97，最大 13.99，平均 6.72；级差：最小 24.33，最大 506.85，平均 116.6；变异系数：最小 0.66，最大 1.55，平均 1.08。

同时，柱状图上也反映储层纵向上孔隙度、渗透率变化大，非均质性强。

（4）天然微裂缝特征

根据成像测井各向异性监测结果，井区长10地层微裂缝不发育，最大水平主应力方向为：NE55°～58°，岩芯显示长10油层具微裂缝特征，目前共有取芯井10口，通过岩芯观察，在主力油层长10^{12-2}层没有发现微裂缝。

（5）原油性质

长 10 油藏原油性质见表 1-12。可以看出原油密度低、黏度低、饱和压力高、地饱压差小、气油比高、凝固点高。地层原油密度 $0.687g/cm^3$。溶解气含量中甲烷含量 34.12%～77.63%，平均 62.11%；乙烷含量 8.52%～39.17%，平均 18.52%；甲烷、乙烷含量占 80%以上。井区地层水水型为 $CaCl_2$ 型，总矿化度为 21000mg/L，pH 值为 7.21。

表 1-12　原油性质表

原油	性质	数值
地层原油	原油黏度/(mPa·s)	0.8
	气油比/(m³/t)	116.8
	体积系数	1.349
	饱和压力/MPa	10.78
地面原油	原油黏度/(mPa·s)	2.8
	凝固点/℃	22
	密度/(g/cm³)	0.82

（6）相渗特征

表 1-13 给出了两口井的相渗（相对渗透率）数据。其中，井 1 的岩芯样品有五个，储层为低渗、高孔、偏亲水的储层；井 2 的岩芯样品有两个，储层为低渗、中孔、中性-偏亲水的储层。

表 1-13　普通低渗透区块油水相对渗透率数据表

井号	空气渗透率/×10^{-3}μm^2	孔隙度/%	吸水/%	吸油/%	亲水性
井 1	1.14	10.1	6.72	0	偏亲水
	4.38	11.8	4.13	0	偏亲水
	14.01	13.1	6.75	0	偏亲水
	67.32	14.5	6.13	0	偏亲水
	70.53	13.9	8.41	0	偏亲水
井 2	0.61	11.3	2.33	0	中性-偏亲水
	5.35	11.8	2.36	0	中性-偏亲水

（7）敏感性

长 10 储层的储层敏感性评价见表 1-14，具有中等偏弱水敏、中等偏强速敏、中等偏弱盐敏、强酸敏、中等偏强碱敏等特征。

表 1-14　长庆普通低渗透区块储层敏感性评价

敏感性类别	分级	样品/块	比例/%	综合评价
水敏性	强	1	20	中等偏弱水敏
	中	2	30	
	弱	3	50	
	无	—	—	
速敏性	强	2	40	中等偏强速敏
	中	1	20	
	弱	1	20	
	无	1	20	
盐敏性	强	—	—	中等偏弱盐敏
	中	3	40	
	弱	4	60	
	无	—	—	
酸敏性	强	4	70	强酸敏
	中	1	15	
	弱	1	15	
	无	—	—	
碱敏性	强	3	50	中等偏强碱敏
	中	2	30	
	弱	1	20	
	无	—	—	

1.2.2.2 井区开发现状

该普通低渗透油田现有油井 435 口。日产油水平 919t，单井产能 2.21t/d，综合含水 39.7%，动液面 1105m，注水井开井 167 口，日注水平 2979m³，单井日注 18.7m³，月注采比 1.24，累计注采比 0.87。平均地层压力 8.85MPa，压力保持水平 67.8%，通过提高注水量试验及精细平面注采调整，2010 年测压 13 井次，平均地层压力 9.22MPa，压力保持水平 70.6%，压力逐渐上升。水驱储量动用程度 94.5%；其中水驱均匀 34 口，占测试井次的 85.0%；2010 年共测试 37 口，水驱储量动用程度 90.8%；其中水驱均匀 27 口，占测试井次的 73.0%。实施超前注水及后期注水调整，见效程度逐步提高，目前见效程度 62.0%。

目前存在的主要问题是，长 10 油藏已累计出现含水上升井 45 口，其中见注入水 38 口，见地层水 7 口，注入水油井中 14 口井为水淹井，动态表现为暴性水淹，且见水方向不易判断；注水井水驱方向单一，注水井测压 15 口，其中有 8 口井显示注入水沿高渗条带单向驱替，占测试总井数的 61.5%，注水单向驱替现象严重。井区吸水情况见表 1-15。

表 1-15 井区吸水情况统计表

剖面分类	测试井次	所占比例/%	总厚度/m	吸水厚度/m	水驱储量动用程度/%
吸水均匀	66	91.7	615	575	93.3
单层不吸水	3	4.2	21	18	83.9
单段不吸水	4	5.6	76	67	89.3
尖峰不吸水	4	5.6	39	37	94.4

1.2.3 典型稠油油藏

1.2.3.1 地质特征及流体特性

该典型稠油区块构造上位于辽河断陷盆地西部凹陷西斜坡上台阶中段，东北部紧邻齐 108 块，西南与欢 60 块相接，区块四周被断层包围，构造面积为 8.5km²。区块为断层遮挡的岩性-构造、边水中~厚层稠油油藏。断块内地层总体上由北西向南东倾没，北部地层较陡，地层倾角一般为 10°~25°；南部逐渐趋缓，地层倾角一般 4°~12°。四周为断层所圈闭，构造面积 8.5km²，该区块主要发育沙河街组沙一、二段的兴隆台油层和沙三段的莲花油层。蒸汽驱开发目的层为莲花油层，油藏埋深-1050~-625m，岩芯分析平均孔隙度为 31.5%，平均渗透率为 2062×10⁻³μm²，属于高孔、高渗储层，含油井段平均 74.4m，油层较发育，单井有效厚度最大达 92.4m，平均油层厚度 37.7m；单层有效厚度最大为 32.3m，平均厚度为 2～8m，为中～厚层状普通稠油油藏，净总厚度比为 51.1%。探明含油面积 7.9km^2，探明石油地质储量 3.774×10^{7}t。

莲花油层原始地层压力为 8～11MPa，压力系数为 0.996，折算油层中深（850m）地层压力为 8.5MPa；莲花油层原始地层温度为 36～43.6℃，温度梯度为 3.27℃/100m，折算油层中深（850m）温度为 36.8℃。目前地层压力 2～5MPa，平均 3.0MPa；地层温度为 70～270℃，平均 140℃。

莲花油层原油属于高黏度、高密度、低凝固点稠油。50℃地面脱气原油黏度为 2639mPa·s，20℃原油密度为 0.9686g/cm^3，凝固点为 2.2℃，胶质+沥青质含量为 32.7%，含蜡量平均为 5.8%。

1.2.3.2 开发历程及开发现状

区块是分批转入蒸汽驱开发的。1998 年 10 月开展的区块 4 个井组的先导试验取得了比较好的蒸汽驱开发效果，证实了蒸汽驱开发的可行性，2003 年 7 月开展的 7 个扩大试验井组进一步完善了蒸汽驱的配套技术，2005 年编制完成了区块整体转驱方案，2006 年 11 月开始规模实施。2006 年 11 月至 2007 年 3 月转驱 65 个井组，2007 年 11 月至 2008 年 3 月共完成了 74 个井组的转驱，直到 2008 年 3 月底，全块规模转蒸汽驱井组达到 139 个，加上原来的 11 个试验井组，全块实现蒸汽驱 150 个井组规模，覆盖面积 5.0km^2，地质储量 3.433×10^{7}t。该块吞吐转蒸汽驱前已达吞吐Ⅰ类标准，采出程度已接近最终采收率，采油速度下降至 1.1%，区块蒸汽驱开采参数与Ⅰ类标准参数对比见表 1-16。

表 1-16 区块蒸汽驱开采参数与Ⅰ类标准参数对比

指标	区块开采参数	Ⅰ类标准
储量动用程度/%	77	≥65
采油速度/%	1.6	1.0～1.5
井口干度/%	72	≥70
压降速度/%	70	≥50
累积油汽比	0.62	>0.5
累积回采水率/%	69	>60
油井综合生产时率/%	80	≥70

2006年工业化转驱至今，蒸汽驱开发井组大多数已经运行12年以上，最高采油速度1.8%，油汽比由转驱初期的0.08上升到0.15，采注比1.0。区块蒸汽驱

开发实际产量与继续蒸汽吞吐预测产量对比见图1-5，可以看出，转蒸汽驱阶段增油3.23×10⁶t，取得了较好的蒸汽驱开发效果。

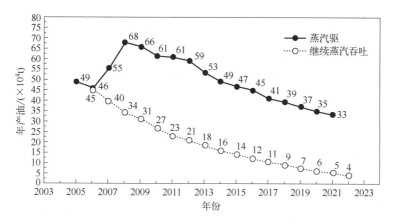

图1-5　区块蒸汽驱开发实际产量与继续蒸汽吞吐预测产量对比

区块自1987年投入开发以来，其间经历了三次大的井网加密调整，井距由开发初期的200m先后加密为141m、100m、70m。开发历程分为四个阶段：蒸汽吞吐上产阶段（1987～1990年）、产量递减阶段（1991～1994年）、综合调整阶段（1995～2001年）、转换开发方式阶段（2002年至今）。

2001年底，为了整体转入蒸汽驱开发，在莲Ⅱ油层分采区及莲花油层合采区按照70m井距反九点注采井网部署了179口加密井。2003年7月，进行了扩大蒸汽驱试验，在原来先导试验区基础上向西部扩大了7个井组，蒸汽驱试验达到了11个井组的规模。截至2005年底完钻110口井并投入吞吐预热生产。2006年12月开始规模转驱。2006年11月到2007年3月主体部位转驱65个井组，2007年12月外围74个井组实施转驱，到2008年3月底，全块规模转蒸汽驱井组达到138个，加上原来的11个试验井组，全块蒸汽驱井组达到149个，实现了区块蒸汽驱工业化实施。

区块转规模蒸汽驱开发多年，经历了热连通、蒸汽驱替和蒸汽突破阶段，目前处于蒸汽剥蚀调整阶段，共有注汽井149口，开井116口，日注汽9550t，日产油为1300t，日产液10120t，如图1-6所示，瞬时采注比1.06，油汽比0.14，采油速度1.25%，阶段采出程度13.5%，总采出程度达到45.1%。

蒸汽驱阶段以来，针对各阶段不同开发难题，已形成行之有效的调控技术，累计进行常规注汽调控1696井次，平均年调控212井次。8年内，有效提高蒸汽波及系数，保证老井月递减在2.3%～2.5%范围内。与国外蒸汽驱对比，区块单井产量较高。国外蒸汽驱见效高峰期平均单井日产油1.5～2.3t，如图1-7所示，区块先导试验平均单井日产油达 4.8t，目前日产油 1.6t，139 个井组蒸汽驱平均单井峰值产量 4.1t，目前日产油 2.0t，达到同类油藏蒸汽驱水平。

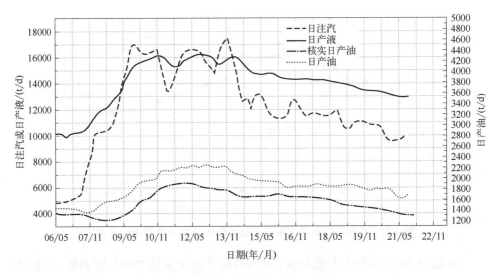

图 1-6　稠油区块蒸汽驱生产曲线

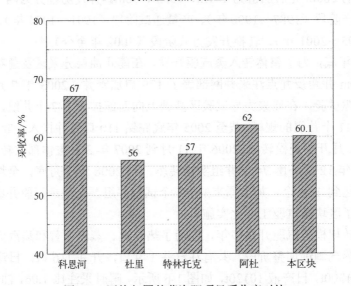

图 1-7　区块与国外蒸汽驱项目采收率对比

　　目前随着调控轮次增加，注汽调控效果逐渐变差。主要存在的问题包括高倾角区蒸汽超覆严重、平面指进现象严重、随着注汽强度增大汽窜趋势明显、油层薄、油汽比低、纵向吸汽差异大等，亟须研究蒸汽驱后的转换开发方式。

小结

①　简单介绍了低渗透油藏和稠油油藏热水驱开采技术的原理及其在油藏开发中的应用，可为深入开发油藏提供理论依据。相关研究内容对提高能源资源利用效率、满足国家能源需求具有现实意义。

②　阐述了热水驱在国内外的研究概况，包括了对稠油、轻质油和低渗透油藏等不同类型油藏的热水驱应用研究，能够为具体案例分析提供一定的理论支持。

③　介绍了国内三类典型热水驱油藏的特征和开发概况，包括了稠油、普通低渗透和超低渗透地质与开发概况，为热水驱的落地实施提供支撑、借鉴和指导。

总之，热水驱开采技术的研究是解决可持续发展、优化油藏开发的重要手段之一。本章的内容涉及了热水驱的理论和实践，并且介绍了国内外的研究现状以及典型案例。研究和分析这些案例对于推广和实施热水驱技术具有重要的指导作用。

参考文献

[1]　涂小娟，丁飞，张克瑞，等. 低渗透油田开发效果的主要影响因素与对策 [J]. 化学工程与装备，2019（8）：151-152.

[2]　马列朋，蒋丽婷. 低渗透油田挖潜增产的措施 [J]. 化工管理，2019（6）：204-205.

[3]　李道品. 低渗透油田高效开发决策论 [M]. 北京：石油工业出版社，2003.

[4]　张冰. 精细地质研究在低渗透油田动态开发中的应用探析 [J]. 科技创新导报，2019，16（4）：57.

[5]　赵国忠，李美芳，郑宪宝，等. 低渗透油田注水开发外流水量评估方法 [J]. 大庆石油地质与开发，2020，39（4）：48-52.

[6]　周冰欣，郑玉倩，王登莲，等. 低渗透油藏水平井采油举升方式优选及配套工艺应用 [J]. 石油化工应用，2020，39（7）：60-65.

[7]　Bennion D B. An overview of formation damage mechanisms causing a reduction in the productivity and injectivity of oil and gas producing formations [J]. Journal of Canadian Petroleum Technology，2002，41（11）：29-36.

[8]　Zhu C，Liu X，Xu Y，et al. Determination of boundary temperature and intelligent control scheme for heavy oil field gathering and transportation system [J]. Journal of Pipeline Science and Engineering，2021，1（4）：407-418.

[9]　Zhang S，Zheng W F. Permeability damage micro-mechanisms and stimulation of low-permeability

sandstone reservoirs：A case study from Jiyang Depression，Bohai Bay Basin，China［J］．Petroleum Exploration and Development，2020，47（2）：374-382．

［10］王建忠，徐进杰，王卓．低渗透砂岩油水两相流动压力波动特征［J］．石油地质与工程，2019（2）：72-74．

［11］闫新江，李孟龙，范白涛，等．渤中油田疏松砂岩注水扩容解堵机理研究［J］．承德石油高等专科学校学报，2020，22（4）：29-34．

［12］宋宇．M区块裂缝型低渗透砂岩油藏开发调整研究［J］．化工管理，2019（3）：14-16．

［13］大庆油田有限责任公司．大庆油田开发论文集［M］．北京：石油工业出版社，2001．

［14］宋广寿，高辉，高静乐，等．西峰油田长8储层微观孔隙结构非均质性与渗流机理实验［J］．吉林大学学报（地球科学版），2009，39（01）：53-59．

［15］赵丁丁，孙卫，杜堃，等．特低-超低渗透砂岩储层微观水驱油特征及影响因素：以鄂尔多斯盆地马岭油田长8_1储层为例［J］．地质科技情报，2019，38（3）：157-164．

［16］俞启泰．俞启泰油田开发论文集［M］．北京：石油工业出版社，1999．

［17］梁文福．大庆萨南油田特高含水期水驱注采结构优化调整方法［J］．大庆石油地质与开发，2020，39（4）：53-58．

［18］李留杰，党海龙，贾自力，等．鄂尔多斯盆地特低渗油藏合理注水强度研究——以樊学油区长8油藏为例［J］．非常规油气，2019，6（5）：57-60．

［19］李延军，邓玉辉，刘建栋，等．海拉尔盆地复杂断块油藏不同岩性储层开发调整技术［J］．长江大学学报：自然科学版，2020，17（2）：58-63．

［20］李留杰，党海龙，贾自力，等．鄂尔多斯盆地特低渗油藏合理注水强度研究——以樊学油区长8油藏为例［J］．非常规油气，2019，6（5）：60-62．

［21］冯小哲，祝海华．鄂尔多斯盆地苏里格地区下石盒子组致密砂岩储层微观孔隙结构及分形特征［J］．地质科技情报，2019，38（3）：147-156．

［22］任大忠，刘登科，周兆华，等．致密砂岩油藏水驱油效率及微观影响因素研究——以鄂尔多斯盆地华庆地区三叠系长6储层为例［J］．电子显微学报，2019，38（4）：364-375．

［23］张弦，刘永建，金美娟，等．低渗透轻质油油藏热采室内模拟实验研究［J］．特种油气藏，2007，14（005）：80-83．

［24］夏志增，王学武，时凤霞，等．热水驱替开采 Ⅱ 类水合物藏规律研究［J］．海洋地质与第四纪地质，2020，40（2）：158-164．

［25］翟龙津．杜A块水平井注热水效果分析［J］．内蒙古石油化工，2019（5）：56-57．

［26］Shi L，Liu P，Shen D，et al．Improving heavy oil recovery using a top-driving，CO_2-assisted hot-water flooding method in deep and pressure-depleted reservoirs［J］．Journal of Petroleum Science and Engineering，2019，173：922-931．

［27］李廷礼，刘彦成，于登飞，等．海上大型河流相稠油油田高含水期开发模式研究与实践［J］．地质科技情报，2019，38（3）：141-146．

［28］Ebadati A，Akbari E，Davarpanah A．An experimental study of alternative hot water alternating gas injection in a fractured model［J］．Energy Exploration & Exploitation，2019，37（3）：945-959．

［29］刘慧卿，东晓虎．稠油热复合开发提高采收率技术现状与趋势［J］．石油科学通报，2022，7（02）：174-184．

[30] 郑家朋，东晓虎，刘慧卿，等. 稠油油藏注蒸汽开发汽窜特征研究 [J]. 特种油气藏，2012，19 (6)：4.

[31] Dong X H，Liu H Q. Investigation of the features about steam breakthrough in heavy oil reservoirs during steam injection [J]. Open Petroleum Engineering Journal，2012，5 (1).

[32] Liu Z，Mendiratta S，Chen X，et al. Amphiphilic-polymer-assisted hot water flooding toward viscous oil mobilization [J]. Industrial & Engineering Chemistry Research，2019，58 (36)：16552-16564.

[33] Wu Z，Liu H. Investigation of hot-water flooding after steam injection to improve oil recovery in thin heavy-oil reservoir [J]. Journal of Petroleum Exploration and Production Technology，2019，9：1547-1554.

[34] Yang R，Zhang J，Chen H，et al. The injectivity variation prediction model for water flooding oilfields sustainable development [J]. Energy，2019，189：116317.

[35] Dong X H，Liu H Q，Zhang H L，et al. Flexibility research of hot-water flooding followed steam injection in heavy oil reservoirs [C]. Society of Petroleum Engineers - SPE Enhanced Oil Recovery Conference，2011.

[36] 吕广忠，陆先亮. 热水驱驱油机理研究 [J]. 新疆石油学院学报，2004，16 (4)：4.

[37] Wu Z B，Liu H Q. Investigation of hot-water flooding after steam injection to improve oil recovery in thin heavy-oil reservoir [J]. Journal of Petroleum Exploration and Production Technologies，2018.

[38] Ahmadi Y，Hassanbeygi M，Kharrat R. The effect of temperature and injection rate during water flooding using carbonate core samples：An experimental approach [J]. Petroleum University of Technology，2016 (4).

[39] Algharaib M，Alajmi A，Gharbi R. Assessment of hot-water and steam floodings in Lower Fars reservoir [J]. Journal of Engineering Research，2014，2 (1)：184-200.

[40] Lv M M，Wang S Z. Pore-scale modeling of a water/oil two-phase flow in hot water flooding for enhanced oil recovery [J]. Rsc Advances，2015，5.

[41] Askarova A，Popov E，Chermisin A，et al. Experimental and numerical simulation of hot water injection to deep carbonate reservoir [J]. International Multidisciplinary Scientific GeoConference：SGEM，2019，19 (1-2)：851-859.

[42] Askarova A，Turakhanov A，Markovic S，et al. Thermal enhanced oil recovery in deep heavy oil carbonates：Experimental and numerical study on a hot water injection performance [J]. Journal of Petroleum Science and Engineering，2020：107456.

[43] Dong X H，Liu H Q，Zhang H L. Experimental and simulation study of hot-water flooding of heavy oil reservoirs after steam injection [J]. Petroleum Geology and Recovery Efficiency，2012，19 (2)：50-53.

[44] Sola B S，Rashidi F，Babadagli T. Temperature effects on the heavy oil/water relative permeabilities of carbonate rocks [J]. Journal of Petroleum Science & Engineering，2007，59 (1-2)：27-42.

[45] Edmondson T A. Effect of Temperature on Waterflooding [J]. Journal of canadian petroleum technology，1965，4 (4)：236-242.

[46] Martin W L，Alexander J D，Dew J N，et al. Thermal Recovery at North Tisdale Field，Wyoming [J]. Journal of Petroleum Technology，1972，24 (05)：606-616.

[47] 李欢，王清斌，庞小军，等. 致密砂砾岩储层裂缝形成及储层评价：以黄河口凹陷沙二段为例 [J]. 地质科技情报，2019（1）：176-185.

[48] 包小宗. 低渗透油田高压注水开发研究 [J]. 化工设计通讯，2020，46（4）：7-8.

[49] 罗蛰潭，王允诚，向阳. 高压半渗透隔板仪的研究 [J]. 成都地质学院学报，1987（02）：100-113.

[50] 李道品. 低渗透油田开发 [M]. 北京：石油工业出版社，1999.

[51] 李道品. 低渗透油田开发概论 [J]. 大庆石油地质与开发，1997，16（3）：5.

[52] 宋付权，薄利文，高豪泽，等. 致密油藏中一种基于微管流动特征的非线性渗流模型 [J]. 水动力学研究与进展：A 辑，2019，34（6）：772-778.

[53] 罗蛰潭. 高等学校教材油层物理 [M]. 北京：地质出版社，1985.

[54] 马列朋，蒋丽婷. 低渗透油田挖潜增产的措施 [J]. 化工管理，2019（6）：204-205.

[55] 于海. 低渗透油田防窜防漏固井技术探讨 [J]. 西部探矿工程，2019，31（6）：69-70.

[56] 马开春. 大庆外围低渗透油田滑溜水压裂方案设计与应用 [J]. 石油石化节能，2020，10（2）：5-7.

[57] 胡文瑞，魏漪，鲍敬伟. 中国低渗透油气藏开发理论与技术进展 [J]. 石油勘探与开发，2018，45（04）：646-656.

[58] 庞爱斌. 俄罗斯石油工业现状 [J]. 中国石化，2003（11）：60-61.

[59] 冯立珍. 低渗透油田水平井井网优化技术研究 [J]. 化学工程与装备，2019（8）：113-114.

[60] 刘正，钟海全，樊建明，等. 超低渗透稀油油藏热水驱研究 [J]. 重庆科技学院学报：自然科学版，2012，14（4）：4.

[61] 苏婷，潘志坚，李楠. 低渗透油藏分类评价方法及其应用 [J]. 大庆石油地质与开发，2019，38（2）：87-92.

2

油藏岩石和流体热物性分析

在注热水驱油过程中，热水进入油藏后将释放热量，对油藏岩石、流体、盖底层同时都有热量传递[1-3]。在一定的热量条件下，当油藏系统达到热平衡状态时，有效热效应的大小（油藏温升程度、受热范围、泄油区弹性能量等）都需要通过油藏岩石和流体的热物性参数获得。油藏岩石和流体的热物性参数是热水驱工艺设计、开发方案计算，以及油藏工程研究不可或缺的基础参数。因此，通过实验测定油藏岩石（取岩芯做实验）、原油、地层水的热物性参数，对于更好地完成油藏的热水驱开发具有十分重要的意义[4]。

2.1 岩石和流体热导率的测定

2.1.1 热导率的基本概念

热导率是一个物质特性参数，表示该物质导热性能的大小，即该物质对热量的传导能力有多强。在单位温度梯度下，热导率等于物质内部单位面积所产生的热流密度，通常用符号 λ 表示，单位为 W/（m·K）或 W/（m·℃）。热量会从物体中温度较高的部分传递到温度较低的部分，或者从温度较高的物体传递到与之接触的温度较低的另一物体，这个过程被称为导热或热传导。热导率越大，物质的导热性能就越好，即它可以更快地传递热量。相反，热导率越小，物质的隔热保温性能就越好，即它可以更好地防止热量的传递[5]。

热导率的大小与物质的热导率、密度、比热容等因素有关，不同材料的热导率也会因其特性而有所差异。热导率的测定方法有很多种，常见的包括稳态和非稳态、纵向热流和横向热流、绝对法和比较法等类型，这些方法适用于不同的温度、压力范围（如低温、高温、常压、高压等），以及不同的测试对象（如金属、非金属、流体、块状和颗粒状物质），并需要不同的测试装置。热导率在工程领域中有着广泛的应用，例如在建筑隔热保温、制冷空调、电子元件散热等方面都起着重要的作用。

对于低渗透或稠油热采油藏储集层岩石和流体，推荐使用瞬态热丝法和探针法进行测定。这些方法都属于非稳态径向热流类型，其主要优点是热丝置于试样中央，热损失小，测试时间短，温升小，自然对流、热辐射和边界影响可以忽略，因此测试精度较高。本节介绍如何采用瞬态热丝法对热水驱开发油藏储集层岩石和流体的热导率进行测定。

2.1.2 实验原理与方法

2.1.2.1 实验原理

采用瞬态热丝法对热导率进行测定，其基本原理是将一金属丝置于无限大介质中，初始时金属丝与介质处于热平衡。若给金属丝通入恒定的电流，则金属丝和介质的温度都将升高，其升温速率与介质的热导率有关，热导率越大，温度上升越慢。因此，通过测量介质升温速率即得到介质的热导率。

对于被测体系，若初始温度分布均匀，金属丝的半径与其长度的比值足够小且与周围介质紧密接触，介质无限大且各向物性相同，则可用下列热传导微分方程来描述其温度分布。

$$\frac{\partial^2 t}{\partial r^2} + \frac{1}{r}\frac{\partial t}{\partial r} = \frac{1}{\alpha} \times \frac{\partial t}{\partial \tau} \tag{2-1}$$

初始条件：$\tau = 0$，$r > 0$
边界条件：$\tau > 0$，$r \to \infty$

$$\tau > 0, \ r = 0, \ -2\pi\lambda \left| \gamma \frac{\partial t}{\partial r} \right|_{\gamma=0} = q \tag{2-2}$$

式中　t ——介质中某点某时刻的温度，℃；

r ——与热丝的距离，cm；

τ ——热丝的加热时间，s；

q ——热丝单位长度上的加热功率，W/m；

λ ——热导率，W/（m·℃）。

当 $r_0^2/(4\alpha\tau) < 1$ 时，H.S.Carslaw 和 J.C.Jaeger 给出了近似解为[6]：

$$\Delta t = \frac{q}{4\pi\lambda}\left\{-C-\ln\left(\frac{r_0^2}{4\alpha\tau}\right)+\frac{r_0^2}{2\alpha\tau}\left[1+\left(1-\frac{\rho_w C_{pw}}{\rho C_p}\right)\left(\ln\frac{r_0^2}{4\alpha\tau}+C\right)\right]\right\} \tag{2-3}$$

式中　Δt ——热丝的温升，℃；

$\quad\quad r_0$ ——热丝的半径，cm；

$\quad\quad C$ ——欧拉常数，其值为 0.5722；

$\quad\quad \alpha$ ——介质的热扩散系数，cm²/s；

$\quad\quad \rho_w$ ——热丝的密度，g/cm³；

$\quad\quad \rho$ ——介质的密度，g/cm³；

$\quad C_{pw}$ ——热丝的比热容，J/（g·℃）；

$\quad\quad C_p$ ——介质的比热容，J/（g·℃）。

热丝的热容量很小，可以忽略不计，并忽略 $[r_0^2/(2\alpha\tau)]$ 零阶以上的小量，则式（2-3）可简化为：

$$\Delta t = \frac{q}{4\pi\lambda}\left(\ln\frac{4\alpha\tau}{r_0^2}-C\right) \tag{2-4}$$

由式（2-4）可知，Δt 与 $\ln\tau$ 呈直线关系，可推导出：

$$\lambda = \frac{q}{4\pi(t_2-t_1)}\ln\frac{\tau_2}{\tau_1} \tag{2-5}$$

式中　t_2——对应 τ_2 时刻的温度，℃；

$\quad\quad t_1$——对应 τ_1 时刻的温度，℃。

由此可知，只要测出热丝温升 Δt 与 $\ln\tau$ 变化的斜率即可得出热导率。

2.1.2.2　实验装置

热导率测定装置由样品测控单元、夹持器、恒温炉、压力系统、数据采集系统组成，实验装置示意图和实物图分别见图 2-1 和图 2-2。

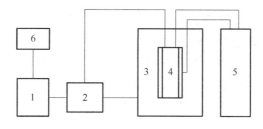

图 2-1　热导率测定装置示意图

1—计算机；2—温度测控单元；3—恒温浴；

4—样品夹持器；5—加压系统及驱替流程；6—打印机

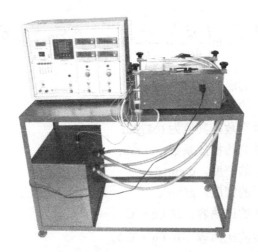

图 2-2 热导率测定装置实物图

（1）测控单元

由恒流源、放大器、A/D 转换器、电桥、铂丝探头、计算机及接口电路组成。计算机自动控制仪器的升温、恒温也能对探头参数和测试条件进行修改，从数据采集、数据处理到结果打印均由计算机自动完成。

（2）样品容器

分为管式夹持器、三维加压夹持器。采用三维加压夹持器可以模拟上覆地层压力，最高工作压力为 30MPa。

（3）铂丝探头

岩石样品和铂丝的长度要经过精确计算确定，铂丝探头的长度与直径比大于1000。瞬态热丝法所用铂金丝的纯度为99.99%，直径为0.1mm，长度为100mm。

（4）恒温浴

室温~300℃，温度波动小于±0.1℃。

（5）压力系统

高压微量泵、高压气瓶、油水容器。

（6）铂丝探头电阻的测试

为了准确测得铂丝探头在水三相点（0.16℃）时的电阻，建立了电阻测试设备。用高精度数字式多用表通过无热电势转换器交替测量标准电阻和铂丝上的电势，则铂丝在水三相点时的电阻可用下式求出：

$$R_{tp} = E_p \frac{E_n}{R_n} \tag{2-6}$$

式中 E_n ——标准电阻上的电势，mV；

E_p——标准电阻上的电势，mV；

R_n——标准电阻的电阻值，Ω；

R_{tp}——铂丝在水三项点时的电阻值，Ω。

（7）主要技术指标

热导率测定装置的主要技术指标：

① 测量信号分辨率为 0.1μV；

② 温度：室温～300℃；

③ 压力：0.1～12MPa；

④ 测试对象：成型岩芯、松散岩芯、原油、固液混合体系。

2.1.2.3 实验步骤

① 岩芯、原油及地层水均取自长庆油田某低渗透区块，其中将成型的岩芯钻切成直径为 25.4mm、长度为 110mm 两块等体积的半圆柱状。原油样品进行过滤脱水。

② 将铂丝固定于待测样品中，然后与夹持器装配好。将样品夹持器置于冰水浴内恒温 4h 后，测量铂丝电阻 R_{tp}。

③ 将样品夹持器置于恒温浴中，并将测试线路与测控单元连接。然后用氮气按照模拟的油藏压力条件给样品加压。打开热导率测定装置电源，启动测试控制程序，输入样品参数、检测条件参数、铂丝探头参数、采样控制参数、程序控温参数。

④ 进入升温、恒温控制界面，此时仪器自动进行升温、恒温控制，一般需恒温 1.5h，当控温显示温度波动在±0.1℃以内时，启动调整桥路平衡程序，通过桥路挡位旋钮和微调旋钮调整桥路平衡。

⑤ 启动测试程序，显示的测量结果界面主要有热导率、斜率、相关系数、采样最大值、最小值及 V_D～ln$t$ 关系曲线图等。如果相关系数不理想，可通过微调旋钮进行调整。

⑥ 一个温度点的热导率进行多次测定后，如果测定数据都很接近，即可得出测定结果，自动进入下一个设定温度的升温与恒温控制，如此反复，直至完成。

2.1.3 实验结果及分析

2.1.3.1 原油热导率

实验用原油为长庆油田某超低渗透区块原油，实验压力为 10MPa，实验温区为22～225℃。图2-3给出了原油热导率的实验结果，并与辽河油田齐40区块稠油和静41区块高凝油的热导率曲线进行了对比，结果表明，不同性质的脱水原油的热导率曲线是不同的，稠油和稀油的热导率极为接近，并且都有随着温度的升高而降低的趋势。

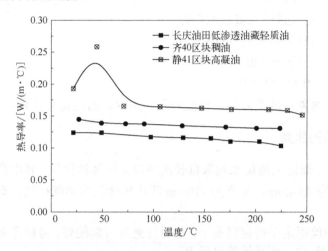

图2-3　不同性质原油的热导率变化曲线

在实验压力为10MPa条件下，室温～250℃范围内，长庆油田低渗透油藏轻质原油的热导率变化范围在0.103～0.124W/（m·℃）之间，而同等实验条件下的辽河油田齐40区块稠油的热导率变化范围在0.130～0.144W/（m·℃）之间，两者的差别较小。而高凝油的热导率曲线与稠油、稀油的曲线有较大差异。在80℃以下高凝油的热导率曲线有一个明显的吸热峰。原因可能是，高凝油含蜡量较高，在常温下基本呈现固态，随着温度的升高，原油中所含的蜡吸收热量逐渐融化，最终完全变成液态。正是这种相态的变化，才使得高凝油的导热曲线出现一个明显的吸热峰。当完全变为液态后，高凝油呈现出和普通原油一样的变化规律——随着温度的升高，其热导率有下降的趋势。

2.1.3.2　岩芯热导率

实验用岩芯为长庆油田低渗透洗油岩芯，实验压力为10MPa，实验温度区间为室温～300℃，实验结果如图2-4所示。

可以看出，洗油岩芯的热导率较大，并且随着温度的升高而降低。在10MPa实验压力、室温～300℃条件下，岩芯的热导率在2.063～1.122W/（m·℃）范围内变化。

图2-5给出了不同区块洗油岩芯的热导率曲线，通过对比可以发现，长庆

油田超低渗透岩芯和普通低渗透岩芯的热导率曲线差别不大，并且都是随着温度的升高而降低。低渗透岩芯由于岩石密度大、孔隙度小，所以热导率较高。而辽河油田齐 40 区块稠油油藏岩芯的热导率相对较小，这是由于稠油油藏岩芯一般较松散。齐 40 区块稠油油藏岩芯在 10MPa 实验压力、室温～300℃的条件下，热导率变化范围在 0.919～0.720W/（m·℃）之间，变化范围较小。

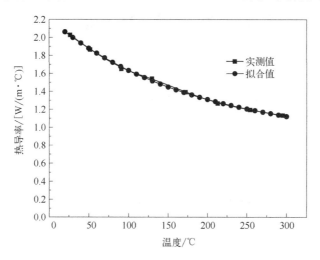

图 2-4　长庆油田超低渗透岩芯热导率变化曲线

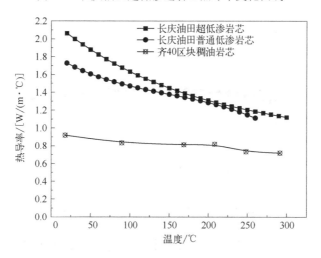

图 2-5　不同区块洗油岩芯热导率曲线

2.1.3.3　地层水热导率

实验用地层水分别取自长庆油田超低渗透油藏和普通低渗透油藏，实验压力为 10MPa，实验温度区间为室温～300℃，实验结果如图 2-6 和图 2-7所示。

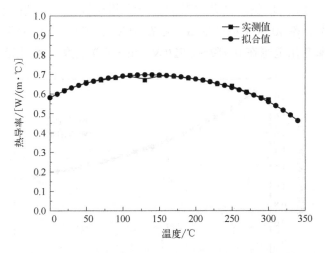

图 2-6　长庆油田超低渗透油藏地层水热导率变化曲线

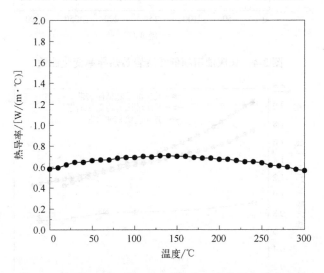

图 2-7　长庆油田普通低渗透油藏地层水热导率变化曲线

　　由图 2-6 可以看出，在 0～300℃范围内，长庆油田超低渗透油藏地层水的热导率在 0.698～0.462W/(m·℃) 范围内变化，变化范围较小；由图 2-7 可以看出普通低渗透油藏地层水的热导率在 0.701～0.553W/(m·℃) 范围内变化，可知地层水的热导率变化不大。通过对长庆油田低渗透油藏岩石、原油、水的热导率测定可以看出，岩芯的热导率较大，油、水的热导率相对较小。而水和原油相比，水的热导率比原油的热导率大。

2.1.3.4 饱和油水状态的岩芯热导率

将长庆油田超低渗透岩芯饱和油、水，建立原始含油饱和度 59.7%，束缚水饱和度 40.3%，在实验压力为 10MPa 条件下，实验温度区间为室温~300℃，进行了热导率测定实验，并且与洗油岩芯的热导率曲线对比，实验结果见图 2-8。

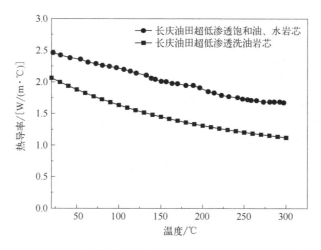

图 2-8　长庆油田超低渗透饱和油、水岩芯与洗油岩芯热导率曲线对比

由图 2-8 可以看出，饱和油、水岩芯比洗油岩芯的热导率要大，且随着温度的升高而急剧下降。在室温~300℃范围内，长庆油田超低渗透油藏的饱和油、水岩芯热导率在 2.460~1.673W/（m·℃）范围内变化，变化范围较大。而洗油岩芯的热导率是在 2.063~1.122W/（m·℃）范围内变化，两者的差异较大。两者比较，洗油岩芯被热导率小得多的油、水饱和后，热导率反而增大了许多。分析认为，洗油岩芯呈多孔状态，孔隙间充满空气，而空气的热导率要比固体和液体的热导率小得多，因此，饱和油、水后，岩芯的孔隙体积被流体充满，空气被排出，因而导致热导率变大。总而言之，物质的热传导机理较为复杂，复杂体系的热导率不能用简单的加合原理来描述。

从整个岩石-流体系统看，随着温度的升高，岩石-流体系统的热导率下降，即其传递热量的能力锐减。因此，对于热水驱油藏而言，并非温度越高越好，需要兼顾其他影响因素，确定合理的热水注入温度。

2.2 岩石和流体比热容的测定

2.2.1 比热容的基本概念

比热容是一个物质的热学性质[7]，表示单位质量该物质在吸收（放出）热量时所需要（释放）的热量与其温度变化之比。一般来说，即使某一系统温度升高（或降低）1℃所需要的热量。在国际单位中，比热容的单位是 J/K，常用的还有 J/℃。而单位质量的某种物质温度升高（或降低）1℃时所吸收（或放出）的热量，则称为该物质的比热容。

比热容是描述物质温度变化和热量变化之间关系的重要参数，可以用于计算物体受热时的温度变化，以及热能的传递和转换。对于任意物质，在相同的条件下，其比热容是不变的。任何物质都有比热容，即使是同一物质，由于所处物态不同，比热容也不相同。不同物质的比热容值通常会因其特性而有所不同。例如，水的比热容约为 4.18J/（g·℃），而铁的比热容则约为 0.45J/（g·℃）。比热容会随着物质的温度变化而发生变化。在低温下，许多物质的比热容会随着温度的降低而逐渐减小，而在高温下则会逐渐增加。因此，比热容的温度依赖性也需要在特定的应用中进行考虑。

在工程上常应用的有比定压热容 C_p 和比定容热容 C_V 两种。比定压热容 C_p 表示在恒定压力下单位质量物质在温度变化时所吸收或释放的热量，而比定容热容 C_V 表示在恒定体积下单位质量物质在温度变化时所吸收或释放的热量。这两个比热容的物理意义和计算方式略有不同，这是由于在定压和定容条件下，物质的热量变化方式不同。在定压条件下，物质的体积可能发生变化，从而使得吸收的热量包括了对体积变化所做的功，因此比定压热容要比比定容热容大。一般情况下，比定压热容 C_p 的值比比定容热容 C_V 的值大约 4.18J/（g·℃）。

比热容可以提供物质的热学性质，如热传导、热膨胀和相变等信息。有多种测量比热容的方法，其中包括直接测量、通过焓的测量计算以及通过测量热导率和热扩散系数计算。此外，测量比热容的方法也根据被测体系的热力学状态、与周围环境的热交换方式、引入热量的方式、测量温度和压力的不同而有所不同。

稳态法和非稳态法是测量比热容的两种常用方法[8]。稳态法是在恒定温度差条件下进行测量，被测物体达到稳态后，比热容可通过被测物体的质量、温度差以及加热器的功率计算得出。非稳态法是通过施加间歇或连续的热量变化来测量比热容。在非稳态法中，测量被测体系温度变化的时间，以及被测体系的热容和传热系数等参数，可以通过计算得出比热容。

对流体比热容的测量通常可以使用静态法、流动法和混合法。静态法适用于测量低黏度和高稳定性的液体和气体，它通过直接测量被测体系加热后的温度变化来计算比热容。流动法适用于高黏度和不太稳定的液体和气体，它通过测量流体在管道中的温度变化和流速来计算比热容。混合法通过混合两种已知比热容的物质，并测量混合后的温度变化来计算未知物质的比热容。

总之，测量比热容的方法繁多，选择合适的方法取决于被测物质的性质和热力学状态，以及测量的精度和精确度要求。超低渗透油藏储层岩石及流体在注热水条件下是一个较为复杂的体系，地层压力一般为高压、注入热水为中温，因而比热容测定选择了稳态绝热量热法。

2.2.2 实验原理与方法

2.2.2.1 实验原理

比热容的测定采用的是准稳态绝热量热法，其基本原理是将一定质量的样品装入量热计的样品容器内，使其恒定到所需的测试温度后，控制试样周围的温度使之与试样温度一致，即处于绝热状态。与此同时通入一定量的电能 Q，使试样产生一定的温升 Δt，此时，测量出电能 Q_e、温升 Δt，即可根据下式求出试样的比热容。

$$C_p = \frac{\frac{Q_e}{\Delta t} - H_0}{m} \tag{2-7}$$

式中　C_p——试样的比热容，J/（g·℃）；

　　　Q_e——通入的电能，J；

　　　Δt——试样的温升，℃；

　　　m——试样的质量，g；

　　　H_0——量热计空白热容量，J/℃。

2.2.2.2 实验装置

稳态绝热量热法比热测定装置主要由量热计主体、绝热控制系统、测量系统、压力给定系统、抽真空系统、数据采集与处理系统组成，实验装置示意图和实物图分别见图2-9和图2-10。

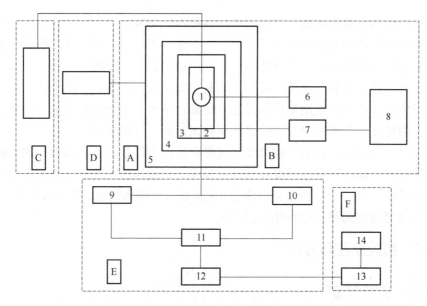

图 2-9　稳态绝热量热法比热测定流程示意图

1—样品容器；2—内加热屏；3—外加热屏；4—防辐射屏；5—真空室；6,7—温控仪；8—可控硅执行器；

9—电能测量线路；10—温度测量线路；11—转换开关；12—数字电压表；13—计算机；14—打印机

A—量热计主体；B—绝热控制系统；C—压力给定系统；D—抽真空系统；E—测量系统；F—数据采集与处理系统

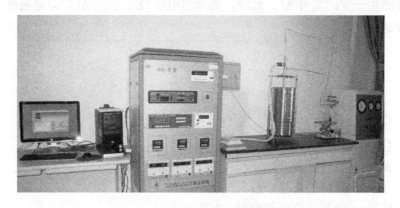

图 2-10　比热容测定装置实物图

（1）样品容器

采用不锈钢材料，圆球形，直径 40mm，壁厚 2.5mm。球体的底部焊有一个外径 8mm、壁厚 1mm 的管阱，用来插入铂电阻温度计及加热器组件。容器上部进样口的密封接头上焊有外径 0.5mm、壁厚 0.1mm 的不锈钢毛细管与高压系统相连接，用来给样品加压。样品容器的有效容积 26.806mL，最高工作压力 15MPa，最高工作温度 350℃。

（2）温度计——加热器组件

样品容器的温度用特制的小型铂电阻温度计测量，直径 4mm，长 20mm，四引线接头，将温度计插入与之配合紧密的薄壁紫铜套铂电阻温度计管内。紫铜套管外壁用无感双绕法缠绕阻值约 120Ω 的卡玛丝（$\Phi0.15mm$），作为样品加热器，与温度计一起组成温度计——加热器组件，一并插入样品容器底部的管阱内，且组件之间保持有良好的接触。

（3）绝热控制系统

由内、中、外三层绝热屏，示差热电偶，温度控制器，可控硅执行器组成，内、中屏用 0.5mm 紫铜板制作，外屏用 0.5mm 不锈钢板制作。内屏直径 60mm，高 140mm；中屏直径 80mm，高 160mm；外屏直径 92mm，高 180mm。为方便安装和热接触良好，每层热屏的上盖和圆筒都采用可拆卸式活动滑配连接。三层热屏的外表面均匀包覆一层聚酰亚胺薄膜，再缠绕直径 0.3mm 的锰铜加热丝，加热丝阻值分别为 100Ω、140Ω、160Ω。三层热屏外表面均披覆一层铝箔以减少高温下的热辐射损失。外屏的上部和毛细管的外部安装了一根长 20cm、直径 10cm、壁厚 0.5mm 的不锈钢套，外壁缠绕 27Ω 的锰铜丝用于加热保温，目的是减少沿着传压毛细管和量热计上部引出管线的热损失。示差热电偶为两组 4 接点的镍铬-康铜示差热电偶，分别安装在样品容器与内屏、内屏与中屏之间的相对表面上，来检测它们之间的温差以进行绝热控制。热电偶丝直径 0.1mm，具有较低的热传导率和较高的热电势，可对温度差进行精确的控制。

示差热电偶与温度控制仪、可控硅执行器组成了绝热控制系统，样品容器通电后温度升高，与热屏之间的示差热电偶把检测到的温差信号输入到微伏放大器，放大后的信号经 PID 调节器由可控硅触发器去推动可控硅执行器工作，使热屏加热丝通电升温，直到热屏与样品容器之间的温差消失为止。由此即实现了温度的自动跟踪控制，达到绝热状态。

（4）压力给定系统和抽真空系统

为减少对流传热所引起的热量损失，要求量热实验在真空条件下进行。压力系统由高压气瓶、不锈钢高压管阀件、压力表组成。真空室为不锈钢材料，直径 11.5mm，壁厚 5mm，与干燥瓶及真空泵相连。

（5）测量系统和数据采集与处理系统

测量系统由电压表、测温电路、测电能电路、计时器等组成。测温电路中，样品容器内部有铂电阻温度计，一个 10Ω 标准电阻与其串联，铂电阻温度计的工作电流为 1mA，其电阻 R_p 可由以下公式计算：

$$R_{\mathrm{p}} = R_{\mathrm{n}} \frac{E_{\mathrm{p}}}{E_{\mathrm{n}}} \qquad\qquad (2\text{-}8)$$

式中　E_{p}——铂电阻温度计上的电势，mV；

　　　E_{n}——标准电阻上的电势，mV；

　　　R_{p}——铂电阻温度计的阻值，Ω；

　　　R_{n}——标准电阻的阻值，Ω。

测量出铂电阻温度计的阻值后，即可知其对应的温度。而通过样品容器的电能可根据焦耳定律获得。测量出加热器两端的电流、电压及通电时间后，即可获得通过样品容器的电能。

数据采集与处理系统则是由计算机、打印机、数据采集和处理软件组成。

（6）设备及仪器主要技术指标

① 测量信号分辨率为 $0.1\mu\text{V}$；

② 计时器分辨率为 1mS；

③ 温度范围：室温～300℃；

④ 压力范围：0.1～12MPa；

⑤ 测试对象为岩石、原油、水；

⑥ 环境条件：室温保持 20～25℃，当日温差在±1℃范围内，且无强空气对流。

2.2.2.3　实验步骤

① 岩芯、原油及地层水分别取自长庆油田超低渗透油藏和辽河油田，其中原油样品进行过滤脱水。

② 将样品容器清洗，烘干至恒重，再进行试样装填。

③ 将装填好样品的容器连接到圆形接头上，旋紧密封。然后装配量热计系统，将两组热电偶分别固定于样品容器、内屏、中屏。

④ 量热实验采用标准间歇式加热法，按温度升高的顺序进行。量热实验开始时，启动测控程序，输入样品的参数、测定控制参数。

⑤ 每隔1min交替测量铂电阻温度计及与之串联10Ω标准电阻上的电压降，连续测量10组稳定的温度数据后即得到样品的初温。

⑥ 按初期测量方式 10min 内测出 10 组稳定的温度数据以计算量热实验的末温，即完成了一个温度的比热容测量。然后再引入电能进行下一个温度点的能量和温度测定，如此循环，直至得到实验所需的最高温度。

2.2.3　实验结果及分析

2.2.3.1　地层水比热容

地层水比热容测定的实验压力为 10MPa，实验温度区间在 0～300℃，地层水比热容测定结果见图 2-11。

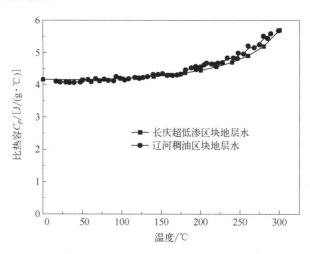

图 2-11　定压条件下不同区块地层水的比热容

由图 2-11 可以看出，在实验压力为 10MPa 条件下，0～300℃范围内，长庆油田超低渗区块地层水的比热容值在 4.166～5.699J/（g·℃）范围内变化，与辽河油田稠油区块地层水的比热容值相差不大，且随温度的变化趋势相同。随着温度的升高，地层水的比热容呈现逐渐增大的趋势。比较结果表明，尽管不同区块地层水的性质有一定差异，但随着温度升高，比热容呈现的趋势一致，并且数值比较接近，说明离子含量对水的比热容影响较小，基本可以认为，不同区块地层水的比热容近似相等。

2.2.3.2　原油比热容

实验用原油取自不同油田或区块，分别代表不同性质的原油，包括超低渗透原油、普通低渗透原油、高凝原油和稠油。实验压力为 10MPa，实验温度区间在 48～278℃，原油比热容与温度的关系见图 2-12。

通过对实验条件下测定的原油比热容数据的拟合，可以看出，长庆油田超低渗区块原油比热容随着温度的升高而增大，在实验压力为 10MPa 条件下，室温～300℃范围内，原油的比热容变化范围为1.127～2.118J/（g·℃），变化范围较大。

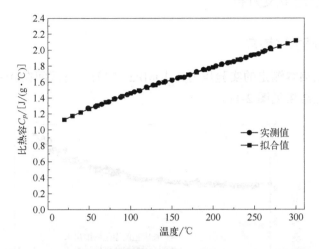

图2-12　长庆油田超低渗透区块原油比热容与温度关系曲线

图2-13给出了不同区块原油的比热容对比曲线，其中白153区块轻质原油为超低渗透油藏原油，高52区块轻质原油为普通低渗透油藏原油，安67区块为高凝原油，齐40区块为普通稠油。各种脱水原油样品性质有较大差异，通过这几种典型的稀油、稠油、高凝油的比热容对比结果可以看出，不同性质的脱水原油的比热容是不同的。稀油和稠油的比热容都是随着温度的升高而增大，并且在数值上也较为接近。在室温～300℃区间内，稀油和稠油的比热容在1.127～2.866J/(g·℃)范围内变化。

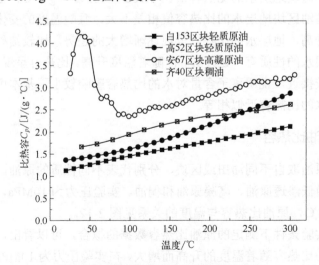

图2-13　不同区块原油比热容对比曲线

高凝油的比热容曲线和稀油、稠油的比热容曲线差异较大。在80℃以下安67高凝油的比热容曲线有个明显的吸热峰。原因可能是，高凝油含蜡量较高，在常温下基本呈现固态，随着温度的升高，原油中所含的蜡吸收热量逐渐融化，最终完全变成液态。正是这种相态的变化，才使得高凝油比热容曲线出现一个明显的吸热峰。当完全变为液态后，高凝油呈现出和普通原油一样的变化规律——随着温度的升高，其比热容增大。

2.2.3.3　岩芯比热容

实验用岩芯取自不同油田或区块，实验压力为10MPa，实验温度区间在42～294℃，白153区块岩芯比热容与温度的关系见图2-14。

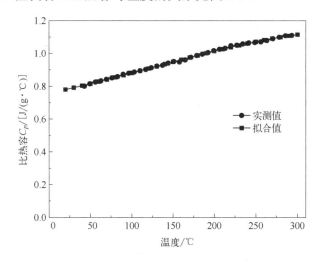

图 2-14　白153区块岩芯比热容与温度关系曲线

白153区块岩芯的比热容随温度的升高而增大，但比热容值的变化范围较小。在实验压力为10MPa条件下，室温～300℃范围内，岩芯的比热容值仅在0.780～1.115J/(g·℃)的范围内变化。

图2-15给出了不同区块岩芯的比热容对比曲线，其中白153区块为超低渗透油藏，高52区块为普通低渗透油藏，齐40区块为普通稠油油藏。可以看出，不同油藏的岩芯随着温度的升高比热容均增大，但是比热容变化的范围较小。如在室温～300℃的范围内，三种不同岩芯的比热容值仅在 0.722～1.182J/(g·℃)范围内变化。不同油藏岩芯由不同的矿物组成，而每种单一矿物均有着自己的比热容特性，这必然导致不同油藏岩芯的比热容特性不同。尽管如此，这种影响相对较小。由图2-15可以看出，不同矿物组成的油藏岩芯在室温～

300℃的范围内，有着极为接近的比热容特性。

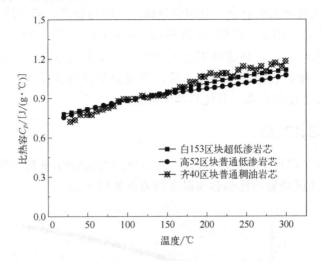

图 2-15　不同区块岩芯比热容对比曲线

　　通过对比长庆油田超低渗透油藏岩石、原油、水的比热容测定结果，如图 2-16 所示。从图中可以看出，在液体相态不变的情况下，岩芯、原油、水的比热容均随着温度的升高而增大。水的比热容最大，原油次之，岩芯的比热容最小。

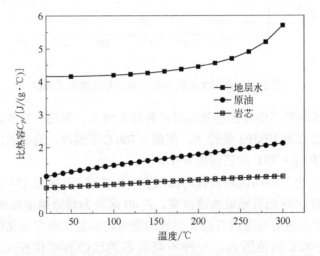

图 2-16　长庆油田超低渗透区块地层水、原油、岩芯比热容对比曲线

　　另外，从热力学理论可以知，比热容服从加合性原理。对岩芯、原油、水体系而言，由不同的油水含量组成的超低渗透油藏体系的比热容应该在岩芯与

水的 C_p-t 曲线范围内变化。对超低渗透热水驱油藏，在注热水之前，油藏含水较低，该体系的比热容应该在岩芯与油的 C_p-t 曲线范围内变化。在注热水以后，油藏体系内的含水量逐渐增加，整个体系的热容也将不断增加，直到接近水的 C_p-t 曲线（含水接近 100%）。这意味着随着温度的升高和热水的不断注入，整个油藏吸热（放热）的能力更强，从热量交换的角度看，无疑是对提高采收率有利的。

2.3 岩石和流体热膨胀系数的测定

2.3.1 热膨胀系数的基本概念

热膨胀系数[9]是指物质在温度变化时其尺寸发生变化的程度。物质在温度变化时，由于分子热运动的影响，分子之间的距离发生变化，从而导致物质的体积或长度发生变化。热膨胀系数是一个描述物质尺寸变化程度的物理量，是指在恒压条件下，温度每升高 1℃时物质比容的变化率，由下式表示：

$$B_1 = \frac{1}{V}\left(\frac{\partial V}{\partial T}\right)_P \tag{2-9}$$

在常见材料中，热膨胀系数的大小与材料的物理性质、结构和化学成分等有关。例如，固体的热膨胀系数比液体小，而晶体的热膨胀系数比非晶体小。而实验室测定的岩石热膨胀系数则一般指它的线性膨胀系数，即在一定温度范围内，以岩石在 0.16℃时长度为标准值，温度每升高 1℃，其线性尺寸的增加量与标准值的比，因此又称线性膨胀系数。热膨胀系数是表征固体材料热特性的重要指标之一，其国际单位为 K^{-1}，常用的还有 ℃$^{-1}$。

岩石的热膨胀系数测定方法有很多，如 X-射线衍射、中子衍射、可见光干涉法等，但大多仪器庞杂、价格昂贵。本文采用的电压法，设备简易、方法简便，经济性良好，且精度可满足工程需要。

2.3.2 实验原理与方法

2.3.2.1 岩石热膨胀系数测定原理

温度升高过程中，岩石会产生线性膨胀，可通过差动变压器经放大器在记录仪上画出膨胀曲线，同时通过热电偶记录温度并在记录仪上画出温度曲线。通过下式求出热膨胀系数：

热水驱提高原油采收率原理与技术

$$\alpha = \frac{\Delta L}{L_0(t_2 - t_1)}$$
（2-10）

式中　α ——热膨胀系数，1/℃；

　　　ΔL ——温升为 $t_2 - t_1$ 时岩石样品的膨胀量，cm；

　　　L_0 ——岩石样品初始时（t_1）的长度，cm；

　　　t_1 ——岩石样品加热前的温度，℃；

　　　t_2 ——岩石样品加热后的温度，℃。

根据物质的热膨胀系数定义，在定压条件下测量出单位温度变化所导致的体积变化，即得到物质的膨胀系数。

2.3.2.2　实验装置

岩石的热膨胀系数测定装置包括：膨胀仪主体、温度测量单元（包括形变测量仪、热电偶、双笔记录仪）、压力给定系统、温度控制仪、循环水系统等，其示意图见图 2-17。其中，膨胀仪主体由高温炉、石英玻璃试样管、差动变压器、热电偶、循环水套、底座、支架等组件构成；温度控制单元是一套具有控制温度升高速率的程序控制仪；测量系统包括膨胀量和温度测量；压力给定系统主要为氮气瓶和压力表；循环水系统主要作用为冷却炉体和外石英玻璃管。仪器的主要技术指标为：测量信号分辨率为 0.1mV，温度为室温～300℃，压力为 0.1～12MPa，测试对象为成型岩芯。

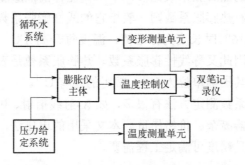

图 2-17　岩石热膨胀系数测定装置示意图

油藏流体热膨胀系数测定装置为 PVT 测试仪，如图 2-18 所示。

2.3.2.3　实验步骤

岩石膨胀系数测定步骤如下：

① 把岩芯钻切成 Φ8mm×20mm 的圆柱体；

② 洗油、烘干，测量岩芯的长度；

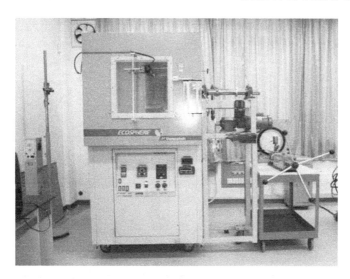

图 2-18　PVT 测试仪

③ 将岩芯样品装入石英玻璃试样管内，装配好膨胀仪主体，用氮气加压至设定实验压力值，开启循环水系统；

④ 打开仪器开关，预热 30min；

⑤ 设定温升速率，岩芯样品在设定的速率下温度逐渐上升，由此引起的岩芯样品的热膨胀长度经差动变压器转换，再经位移放大器放大后，与温度一起被记录仪记录下来，得到温度曲线和热膨胀曲线；

⑥ 根据公式计算求得岩石的热膨胀系数。

油藏流体热膨胀系数测定步骤如下：

① 对原油进行脱水处理；

② 将样品装入容器管中，装配好测试仪主体；

③ 按照实验方案逐步升高温度，在定压条件下（10MPa）测定不同温度下的油藏流体热膨胀系数。

2.3.3　实验结果及分析

2.3.3.1　岩石的热膨胀系数

由于岩芯热膨胀系数测定装置的局限性，只能对成型的岩芯样品进行热膨胀系数的测定。实验岩芯为长庆油田超低渗透油藏岩芯，实验压力为 10MPa，实验温度区间分别为室温（23℃）～100℃，室温～200℃，室温～300℃，实验结果见图 2-19。

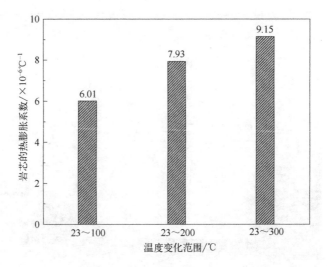

图 2-19 不同温度范围长庆油田超低渗透油藏岩芯的热膨胀系数

该超低渗透油藏岩芯的热膨胀系数随着温度的升高而逐渐增大，在室温～100℃，室温～200℃，室温～300℃时，岩石的平均热膨胀系数分别为 $6.01×10^{-6}℃^{-1}$，$7.93×10^{-6}℃^{-1}$，$9.15×10^{-6}℃^{-1}$。

2.3.3.2 油藏流体的热膨胀系数

实验流体分别为长庆油田超低渗透油藏脱气原油和地层水，实验压力为 10MPa，实验结果见图 2-20。

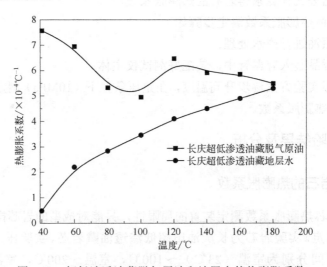

图 2-20 超低渗透油藏脱气原油和地层水的热膨胀系数

由图 2-20 可以看出，随着温度的升高，原油的热膨胀系数逐渐减小，地层水的热膨胀系数逐渐增大；在低温区内原油的热膨胀系数比地层水要大得多，当温度逐渐升高，二者的差距渐渐缩小，温度达到 180℃时，油、水的热膨胀系数非常接近。可见，在热水驱过程中，随着温度的升高，油藏流体具有一定的膨胀能量，这种膨胀显然对驱油是有利的。

2.4 岩石和流体热物性参数的影响因素

2.4.1 物质成分的影响

本章谈到的热物性仅有比热容和热导率。对比热容而言，它是物质的一种属性。毋庸置疑，不同的物质具有不同的比热容，但是对于同一物质，比热容的大小与物质的状态有关，如果状态不同，会导致比热容有所变化。状态指的是物体的相态，同一物质的比热容随状态的变化而不同，但是一般不随质量、形状而变化。如一杯水和一桶水，比热容是相同的，但是水和冰的比热容却完全不同了。纯水和地层水的比热容在室温～300℃范围内比较接近，说明离子含量对比热容影响不大，我们测定的长庆超低渗油藏地层水和辽河油田稠油区块地层水极为接近的比热容值也说明了这一点。对于原油，稠油和稀油的比热容在室温～300℃范围内比较接近，而高凝油则表现出了明显的不同，这是因为吸热后高凝油发生了相态的变化。高凝油由固态完全转化为液态后，其比热容的特点则与普通原油较为相似。

对热导率而言，物质成分的影响也很大，不同物质的热导率明显不同。含油含水岩芯的热导率较大，洗油岩芯次之，脱水原油的热导率最小。纯水和盐水在常压～10MPa、温度 100℃以下时，热导率的差别在 1.5%以内，说明水中离子含量对水的热导率的影响也很小。

2.4.2 温度的影响

由前两节的室内实验结果可知，含蜡量少的原油，一般情况下热导率随着温度的升高而降低。对超低渗透岩石而言，由于岩石固结得较好，其岩芯（洗油岩芯与饱和油、水岩芯）的热导率随着温度的升高而降低。对于油藏岩芯、水、原油，它们的比热容都随着温度的升高而增大。

2.4.3 密度的影响

一般来说，对于洗油岩芯而言，密度越大、孔隙度越小的岩芯热导率较大。

比热容与岩石密度没有明显的相关性。

2.4.4　压力的影响

一般而言，对超低渗透油藏，压力对岩石热导率的影响远远不及温度那么显著。但如果是典型的稠油油藏，由于其原始结构较疏松，因此其热导率随着压力递增的效益就比较明显。这是因为较高的压力迫使岩石趋于致密，减少声子发散源，使晶格振动过程的能量转移效率提高。另一方面，当岩石受到压力的过程中，岩石颗粒的排列趋于紧密，孔隙变小，裂缝趋于封闭，岩石的相结构逐渐单一，从而使固体传热的效果增强。

但对于液体而言，由于压力对体系的状态起着至关重要的作用，而其对热导率的影响正是体现在体系的状态上。当体系为固态时，压力对热导率的影响较小；当体系为液态时，在较高的压力条件下，压力会对热导率有一定的影响；随着压力的增加，液体的热导率有所上升，一般为 5%左右。对于饱和流体试样，测试压力（围压和孔隙压力）对实验结果有着重要的影响。

2.4.5　液相饱和度的影响

对于含油、水的岩芯，热导率随着含油、含水饱和度的增大而增加，即热导率随着液相饱和度的增大而增加。这是由于岩芯呈多孔状态，孔隙间充满空气，而空气的热导率要比固体和液体的热导率小得多，因此，当油、水等液体占据一定的孔隙体积后，相应体积的空气被排出，从而导致热导率变大。当岩芯完全被油、水饱和，此时的热导率增幅最大。

小结

① 研究了热水驱工艺设计、开发方案计算以及油藏工程研究中油藏岩石和流体的热物性参数的重要性。这些热物性参数包括了热导率、比热容、热膨胀系数等基本参数，测定这些参数对于深入了解油藏的热效应，以及制定相应的开发方案具有至关重要的意义。

② 介绍了热导率、比热容、热膨胀系数等基本热物性参数的定义，以及实验测定设备和基本原理。在此基础上，本章采取了长庆超低渗透油藏作为研究对象，测定了油藏岩石、原油和地层水的热导率、比热容和热膨胀系数等参数。

③ 分析了温度升高对热导率、比热容、热膨胀系数等基本热参数的影响，以及油藏工程中温度升高因素对于油藏热力学的影响。这些热参数的测定数据对下一步开展有关油藏岩石和流体的热效应分析提供了必要的数据支持，为油

田提高采收率、延长油田寿命、减少环境污染等方面提供理论基础。

综上所述，本章通过系统介绍岩石和流体的热物性参数的定义、测定设备和基本原理，并以长庆超低渗透油藏和辽河稠油油藏为研究对象，测定反演各项热参数，重点分析温度对岩石和流体各项热参数的影响，为后续研究提供了必要的数据支持和理论基础。

参考文献

[1] Alajmi A F，Algharaib M，Gharbi R．Experimental evaluation of heavy oil recovery by hot water injection in a middle eastern reservoir [J]．SPE Middle East Oil Gas Show Conf．MEOS，Proc．2009，2：1-14．

[2] Sola B S，Rashidi F．Experimental study of hot water injection into low permeability carbonate rocks [J]．Energy Fuels，2008，22（4）：2353-2361．

[3] Sola B S，Rashidi F，Babadagli T．Temperature effects on the heavy oil/water relative permeabilities of carbonate rocks [J]．Journal of Petroleum Science & Engineering，2007，59（1-2）：27-42．

[4] 张方礼，刘其成，刘宝良，等．稠油开发实验技术与应用 [M]．北京：石油工业出版社，2007．

[5] 赵镇南．传热学 [M]．2 版．北京：高等教育出版社，2008．

[6] Carslaw H. S，Jaeger J C. Conduction of heat in solids [M]．London：Oxford University Press，1986．

[7] 孙毅，孙广宇，谭志诚，等．原油 10~70℃比热容的测定 [J]．石油化工，1997，26（3）：187-189．

[8] 苑凯君，韩晓强，陈国锦，等．DSC 法测原油的比热容 [J]．油气储运，2010，29（11）：864-867．

[9] 管焕铮，柴继杰，薄艳红．我国原油热膨胀系数的测定及应用 [J]．化学研究与应用，1995，7（4）：448-450．

3

油藏岩石和流体物性的热效应分析

根据稠油油藏热采的经验[1-4]，随着大量高温热流体的注入，必将打破地层中原有的平衡体系，不可避免地在储集层内部引起固相（岩石）、液相（油和水）、气相之间强烈的物理、化学和地球化学的作用，由于油水组分的变化，岩石矿物产生溶解、沉淀和蚀变，进而引起储集层的渗透率、孔隙结构以及渗流喉道的物理几何形变等变化。

此外，注热水引起的界面性质的变化对驱油效率也起着举足轻重的作用。岩石颗粒小，孔道细，具有巨大的表面积；而流体本身是多组分的不稳定体系，在孔道中又可能同时出现油、气、水三相，流体分散和储集在岩石内会造成流体各相之间、流体与岩石颗粒固相间存在着多种界面，如气-液界面、气-固界面、液-固界面等，因此，界面现象较为突出。与界面现象有关的如界面张力、润湿作用、毛管现象等因素对流体在岩石中的分布和流动会产生重大影响。而界面张力、润湿接触角和毛管力又符合一定的函数关系，因此，这三个界面现象的参数可归结为一类。热水驱条件下温度对原油-地层水界面张力、岩石润湿性及毛管压力（也称毛管力）的影响是超低渗透油藏热水驱提高采收率机理研究的部分基础。

在超低渗透油藏热水驱过程中，注入热水对原油驱替产生有效作用的能量是综合的。随着大量高温热水的注入，打破了地层中原有的平衡体系，注入地层的热水使原有的储集层和流体发生了多种变化，因此，热水驱的机理是能够对热水驱替过程产生有利影响的各种热效应的综合作用结果。为了下一步顺利开展超低渗透油藏热水驱机理研究，在上一章测定的岩石和流体热物性参数的基础上，分析了超低渗透油藏热水驱过程中油藏岩石和流体主要物性的热效应。

3.1 岩石孔隙度的变化

3.1.1 岩石孔隙度变化的理论分析

储层是由矿物颗粒胶结在一起形成的具有存储空间的单元，油气藏是油气在单一圈闭中的聚集，具有独立的压力系统和统一的油水界面。储层要储存油气，就必须具有一定的孔隙空间。岩样中所有孔隙空间的体积之和与岩样的总体积之比称为该岩石的总孔隙度，通常以百分数表示。孔隙度是储层评价的重要参数之一，储集层的总孔隙度越大，说明岩石中总的孔隙空间越大，不考虑孔隙是否连通。但在研究储层的孔隙度时，常常测量的孔隙度为连通的孔隙空间与岩石总体积之比，也叫作有效孔隙度[5]。

孔隙度的大小直接影响岩石中存储流体的能力和流体的运移特性[6]。孔隙度越大，则岩石可以容纳的流体越多，因此可以更容易地形成油气储层。孔隙度是量化石油和天然气储量的关键指标之一。渗透率由孔喉半径所控制，而非孔隙本身的大小。

在热采过程中，储集层岩石骨架矿物、黏土矿物发生不同程度的溶解、沉淀、结垢和新矿物相的生成，这些影响最终表现为储集层物性和孔隙结构的变化。

3.1.1.1 孔隙体积热效应

当温度由 T_i 升高到 T 时，岩石的骨架密度为：

$$\rho_R = \rho_{R_i}\left[1 - \beta_R(T - T_i)\right] = \rho_{R_i}(1 - \beta_R \Delta T) \tag{3-1}$$

根据质量守恒定律，得到：

$$\rho_R V_R = \rho_{R_i} V_{R_i} \tag{3-2}$$

温度变化后岩石的孔隙度为：

$$\phi = \frac{V_P}{V_t} = \frac{V_t - V_R}{V_t} \tag{3-3}$$

将式（3-1）和式（3-2）代入式（3-3），可得：

$$\phi = 1 - \frac{\rho_{R_i} V_{R_i}}{\rho_R V_t} = \frac{\phi_i - \beta_R \Delta T}{1 - \beta_R \Delta T} \tag{3-4}$$

$$\Delta\phi_T = \phi - \phi_i = -\frac{1-\phi_i}{1-\beta_R \Delta T}\beta_R \Delta T \tag{3-5}$$

式中 V_t ——岩石总的体积，cm^3；

  V_R ——岩石的骨架体积，cm^3；

  V_P ——孔隙体积，cm^3；

  β_R ——岩石的热膨胀系数；

  ϕ ——岩石孔隙度；

  ϕ_i ——岩石的有效孔隙度。

3.1.1.2 孔隙体积压缩效应

当压力由 P_i 变化到 P 时，根据岩石孔隙压缩系数定义可以得到：

$$\Delta V_P = C_p V_{P_i} \Delta P \tag{3-6}$$

式中 C_p ——岩石的压缩系数。

压力变化后岩石的孔隙度为：

$$\phi = \frac{V_P}{V_t} = \frac{V_{P_i}+\Delta V_P}{V_t} = \phi_i\left[1+C_p\left(P-P_i\right)\right]=\phi_i\left(1+C_p\Delta P\right) \tag{3-7}$$

$$\Delta\phi_P = \phi - \phi_i = \phi_i C_p \Delta P \tag{3-8}$$

3.1.1.3 孔隙体积变化综合效应

孔隙体积的变化为：

$$\Delta\phi = \Delta\phi_T + \Delta\phi_P = -\frac{1-\phi_i}{1-\beta_R\Delta T}\beta_R\Delta T + \phi_i C_p \Delta P \tag{3-9}$$

$$\phi = \phi_i - \frac{1-\phi_i}{1-\beta_R\Delta T}\beta_R\Delta T + \phi_i C_p \Delta P \tag{3-10}$$

可以看出，对于处于封闭系统的岩石，若孔隙体积保持不变，当温度升高时，其压力必然升高，维持原油生产的弹性能量也必然增加。根据岩石的热膨胀系数测定结果，对于定压条件下的岩石系统，随着温度的升高，岩石的平均热膨胀系数增大，岩石的孔隙度逐渐降低，孔隙度的降低率呈增大趋势。

3.1.2 岩石孔隙度变化的实验研究

3.1.2.1 实验条件

岩石孔隙度是用来衡量储集岩石孔隙性好坏和孔隙的发育程度的[7]。在岩芯分析中，实验室常测定两种孔隙度，即总孔隙度和有效孔隙度，而常用的是有效孔隙度，有效孔隙度的测定方法有很多，常用的有水银体积泵法、液体饱和吊称法、液体饱和法和气体体积法等。

气测孔隙度仪器是一种专门用来测量体积的仪器，由它可测定岩样的颗粒体积，其原理是 Boyle 定律（图 3-1）：已知体积（标准室）的气体 V_K 在一定的压力 P_K 下，向未知室等温膨胀，再测定膨胀后的体系最终压力 P，该压力的大小取决于未知体积 V 的大小，故由最终平衡压力按 Boyle 定律可得：

$$V = \frac{V_K (P_K - P)}{P} \qquad (3-11)$$

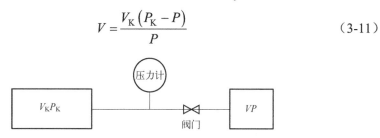

图 3-1　气测孔隙度仪器原理

由上述原理可测出岩芯的孔隙体积或颗粒体积，再利用如卡尺测量法等方法来测量岩芯的外观总体积，计算出岩芯的孔隙度。通过改变烘箱温度来营造不同的温度环境，从而得出不同温度下岩石有效孔隙度的变化，并按照式（3-11）计算孔隙度降低率：

$$\Delta\phi = \frac{(\phi_i - \phi_t)}{\phi_i} \times 100\% \qquad (3-12)$$

式中　ϕ_i——20℃，围压 3MPa 条件下的岩石有效孔隙度；

　　　ϕ_t——温度为 t，围压 3MPa 的岩石有效孔隙度。

实验仪器为 DHG-9140A 电热恒温鼓风干燥箱、SCMS-C1 型全自动岩芯孔渗测量仪、氮气瓶。

实验步骤如下：

①　将现场岩芯按照 GB/T 29172—2012 标准进行清洗后，置于设有一定温度的电热恒温鼓风干燥箱中烘干处理 3 天；

②　将岩芯基础参数（岩芯长度、直径、测量温度、围压）输入 SCMS-C1 型全自动岩芯孔渗测量仪软件；

③　关闭烘箱，待岩芯冷却至室温时迅速取出并放入 SCMS-C1 型全自动岩芯孔渗测量仪的装样室，进行孔隙度的测定；

④　孔隙度测定结束之后，取出岩芯并置于更高温度的烘箱中，重复步骤①～③，直至达到所需的最高温度。

3.1.2.2　实验结果及分析

实验用岩芯、原油以及地层水均取自长庆油田白153超低渗透区块，实验压力为3MPa，实验温区为20～100℃。实验结果见图3-2和图3-3。可以看出，围压约束下的地下岩石，其有效孔隙度具有较强的温度敏感性，温度升高将导致其孔隙度大幅度降低。

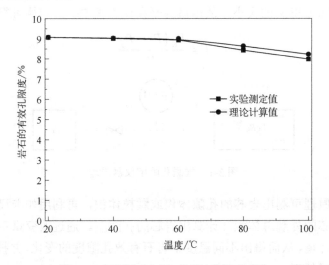

图3-2　不同温度下岩石有效孔隙度变化

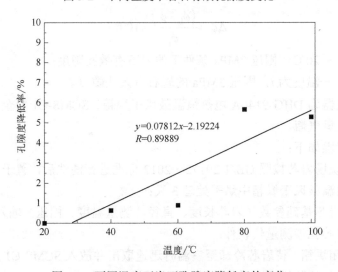

图3-3　不同温度下岩石孔隙度降低率的变化

在热采过程中，岩石颗粒在高温的作用下不断发生膨胀，令孔隙体积逐渐减小，且由于岩石的膨胀系数会随温度的增加而增大，该作用在高温下愈发强烈。根据白 153 区块岩石热膨胀系数测定结果，在 20～100℃ 范围内岩石的平均热膨胀系数为 $6.01\times10^{-6}℃^{-1}$，结合式（3-10），可知实验条件下岩石孔隙度与温度之间的函数关系为：

$$\phi(t) = 9.07\% - \frac{90.93\%}{6.01\times10^{-6}(t-20)^{-1}-1} \qquad (3-13)$$

实验测定的孔隙度随着温度升高的变化趋势与理论计算值的变化趋势一致，由此也验证了本文采用的孔隙度理论计算方法是正确的。

由图 3-3 可以看出，孔隙度降低率随着温度升高而增大，说明温度越高，对储层伤害的程度越明显。根据前人研究成果[8]可知，孔隙度降低率随温度的升高呈线性函数增大。白 153 区块岩芯孔隙度降低率与温度的关系为：

$$\Delta\phi = 0.07812t - 2.19224，R=0.89889 \qquad (3-14)$$

式中　R——相关系数，其值越接近 1，越能真实反映函数关系。

尽管温度升高对岩石孔隙度存在一定影响，但在热水驱温度范围内，这种影响相对较小。热水驱过程中孔隙度降低率不超过8%。虽然孔隙度的降低对储层性质带来伤害，但是由于岩石膨胀而产生的形变将压缩流体，迫使其排出孔道，这对于提高原油采收率也存在有利的一面。

3.1.3　孔隙度的测井曲线响应特征

在储集层内，流体为地层水、原油和天然气。水（H_2O）中含有 H 元素，而原油和天然气（hydrocarbon）中主要由 H 元素和 C 元素组成[9]。如果能够测定氢原子数量，就能够转化为孔隙度（实质上是等效含氢指数）。因此，测量孔隙度的原理是使用中子仪器测定孔隙空间内的氢原子数量。中子孔隙度测量采用中子源来测量储层中的氢指数，该氢指数与孔隙度直接相关。材料的氢指数定义为材料中每平方厘米的氢原子浓度与 24℃ 时纯水的氢原子浓度之比。由于充水和充油的储层中都存在氢原子，因此通过测量氢原子的量可以估算充液孔隙度。

中子与原子核发生碰撞后，系统的总动能不变，中子损失的能量全部转化为反冲核的动能，剩余核则处于基态。弹性碰撞快中子损失的能量与靶核的质量、碰撞前中子的能量有关。假设原子核质量为 A_2，碰撞前中子的能量为 E_i，则碰撞后的能量 E_f 为：

$$E_f = \left(\frac{A_2-1}{A_2+1}\right)^2 E_i \qquad (3-15)$$

如果中子撞击的是氢原子（其原子量为1），则公式变为：

$$E_f = \left(\frac{1-1}{1+1}\right)^2 E_i = 0 \qquad (3\text{-}16)$$

式（3-16）表明，氢是最好的中子减速剂，中子与氢原子碰撞，能量损失接近100%，这是由于氢元素的弹性散射截面最大，对中子的减速能力最强。地层对快中子的减速能力主要取决于含氢量。中子测井的物理基础，是通过计量损失中子数来确定地层的含氢量，从而确定孔隙度和地层岩性。测量结果仅仅与周围介质的减速特性相关，具有单一的地层氢含量的识别性，受其他中子吸收剂（如地层氯含量）的影响较小。所以中子孔隙度的测量原理是，工具中包含中子发射源，发射的中子在地层中发生散射，计量返回的中子数。如果返回的中子数高，即中子损失小，说明地层含氢少，孔隙度低，反之则说明孔隙度高。

图 3-4 是某井实测的中子孔隙度测井图。左侧的伽马曲线（gamma ray，

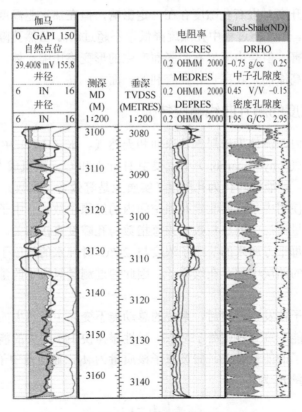

图 3-4　中子孔隙度测井图

GR）可用于识别黏土矿物。黏土矿物含有 K、Th、U 等放射性元素，具有天然放射性，而砂岩和碳酸盐岩没有这样的性质。因而在测井仪器上安装伽马射线接收器，通过获取自然伽马曲线的强度可判断黏土矿物的含量。伽马读数高的，说明黏土矿物的含量较多，反之则较少。伽马曲线的测量范围为 0～150（API），读数较高的是黏土层，读数较低的是非黏土层。

API 规定的最小孔隙为 -0.15，最大为 0.45。在理想情况下，对一个多孔介质，孔隙度的最大值是 0.45，最小值为 0。假设岩石颗粒为大小一致的理想圆球，圆球两两之间接触为单一的点，由 8 个圆球的球心两两连接组成正方体，并形成岩石孔隙。假设圆球半径为 r，两个小球球心之间的距离为 $2r$，则正方体的体积为 $8r^3$。该正方体包含每个小球的八分之一，即包含一个完整的球体的体积，为 $\frac{4}{3}\pi r^3$。孔隙体积为立方体体积减去球体的体积，为 $8r^3 - \frac{4}{3}\pi r^3$，孔隙度为孔隙体积占总体积的百分比，为 47.6%，这是理想情况下孔隙度的最大值，实际情况下孔隙度不可能超过这个值。因此，API 将孔隙度最大值标定为 0.45。

我们知道孔隙度是不可能为负值的，那为什么 API 规定的最小孔隙度为负值呢？

首先，中子测井实际上测的是地层对快中子的减速能力，它取决于地层的含氢指数。当地层中氢的主要来源是孔隙中的液体时，中子测井值就与孔隙中液体体积相对应。当地层中不含氢时，中子测量的读数便与岩石骨架对快中子的减速能力有关。同时，应注意以下物质对快中子的减速能力对比：天然气的减速能力小于水，岩石骨架的减速能力由强变弱依次为砂岩、石灰岩、云岩。

其次，要了解中子仪器的刻度原理。中子仪器的一级刻度是在充满淡水的纯石灰岩中进行的，测量的含氢指数对比纯石灰岩就是其孔隙度，即石灰岩孔隙度单位是中子孔隙度的单位。如果孔隙中是天然气而非水，那么石灰岩的孔隙度就要低于实际孔隙度。如果是砂岩骨架而非石灰岩骨架，测出的砂岩孔隙度就要低于石灰岩孔隙度（实际孔隙度相同）。由于岩石减速能力的核素及其含量不仅有起主要作用的岩石孔隙中的氢核，还有岩石骨架的一些核素。中子刻度是以石灰岩和淡水为基准，当含有天然气时（低含氢量的天然气的减速能力弱于石灰岩），则显示为负的含氢指数。这是一个相对的数值，相当于岩石骨架被挖掉了一部分与岩石减速能力相关的核素，使得岩石的减速能力更低，减速长度增加，这种现象称为"挖掘效应"。因此，在含天然气、较纯的灰岩，低孔、低渗、泥浆侵入较少的较纯的砂岩，以及裂缝发育较好的气层中，中子孔隙度可能为负值。

在测井过程中，通过伽马-中子-密度测井曲线来判断岩性，要确保中子和密度在石灰岩刻度上，中子刻度取值为-0.15～0.45，密度刻度取值为 1.95～2.95g/cm³。密度孔隙度的计算公式为：

$$\phi_d = \frac{\rho_b - \rho_m}{\rho_f - \rho_m} \tag{3-17}$$

式中　　ϕ_d——密度孔隙度；

　　　　ρ_b——仪器读数，g/cm³；

　　　　ρ_m——岩石密度，g/cm³；

　　　　ρ_f——流体密度，g/cm³。

对石灰岩，岩石密度为2.71g/cm³，水密度为1.0g/cm³（使用水的密度对仪器进行校正）。上式变为：

$$\phi_d = \frac{\rho_b - 2.71}{1 - 2.71} \tag{3-18}$$

API 规定，所有岩石须置于石灰岩刻度，这样做的目的是便于在相同刻度下进行对比。例如，假设孔隙度均为20%的砂岩、石灰岩和白云岩，它们在石灰岩刻度上的读数分别为16.5%、20%和27.5%。

所以中子曲线的表现趋势如图 3-5 所示，仪器在砂岩读数上低于实际孔隙度，白云岩读数高于实际孔隙度，石灰岩的读数因为是使用石灰岩刻度，所以

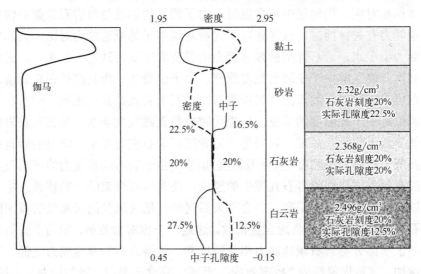

图 3-5　中子曲线的表现趋势

读数反映的是真实数据。对黏土矿物，由于绝大多数黏土矿物含有 H 元素，因而中子孔隙度读数较高。例如，伊利石的化学式为（K，H_3O）（Al，Mg，Fe）$_2$（Si，Al）$_4$O$_{10}$［（OH）$_2$，（H_2O）］，高岭石化学式为 Al$_2$（Si$_2$O$_5$）（OH）$_4$，都含有 H 元素。由于我们关注的是油藏，所以对黏土层的高孔隙度读数无须在意。

当刻度为石灰岩刻度时，根据密度孔隙度公式计算，砂岩为 22.5%，石灰岩仍为 20%，白云岩为 12.5%。表现在测井曲线上，砂岩和白云岩的中子和密度孔隙度分离，当密度在左、中子在右时，可判断为砂岩；反之为白云岩；石灰岩的两条曲线重合。由于黏土矿物含有大量的 Al、Fe、Mg 等金属元素，因而密度较大，密度孔隙度低，其中子-密度曲线分离趋势与白云岩一致。这时需要借助伽马曲线进行区分，伽马读数高的为黏土矿物，反之为白云岩。所以根据中子-密度孔隙度曲线判断岩性的基本原则如表 3-1 所示。

表 3-1　中子-密度孔隙度曲线特征与岩性之间的关系

伽马读数	中子孔隙度	密度孔隙度	岩性判断
高	左	右	黏土
低	左	右	白云岩
低	右	左	砂岩
低	与密度曲线重合	与中子曲线重合	石灰岩
中等	右	左	含黏土质砂岩

根据图 3-5 中的测井曲线和表 3-1 的判断原则，可以判断中子-密度曲线重合且伽马读数低的区域为石灰岩；伽马读数低且中子在右、密度在左的区域为砂岩；伽马读数低且中子在左、密度在右的区域为白云岩；伽马读数高且中子在左、密度在右的区域为黏土层；伽马读数中等且中子在右、密度在左的区域为含黏土质砂岩。

这里存在一个疑问，由于所有的岩性是映射到石灰岩刻度的，中子孔隙度和密度孔隙度的值与实际的孔隙度是有偏差的，那么如何通过中子-密度孔隙度计算实际孔隙度呢？还是通过上述例子作为说明，对砂岩而言，中子孔隙度为 16.5%，密度孔隙度为 22.5%，其平均值为（22.5%+16.5%）/2=19.5%，可以看出，平均孔隙度即为实际孔隙度的值。对石灰岩和白云岩也是一样的。在中子-密度孔隙度测井曲线上，中子孔隙度和密度孔隙度均不代表真实的孔隙度值，它们的平均值才是孔隙度的真实值。

因此，无论岩性如何，强制性地将中子-密度孔隙度映射到石灰岩刻度上有两个优点：一是通过曲线的分离可以判断岩性；二是通过计算平均孔隙度可以获得真实的孔隙度值。

3.2 岩石渗透率的变化

3.2.1 岩石渗透率变化的理论分析

岩石的渗透率（permeability）是指岩石中流体在单位时间内通过单位面积的能力[10]。通常用达西（Darcy）为单位来表示，即单位时间内通过单位面积的流量，当流量为 $1cm^3/s$ 时，其对应的渗透率为 1 达西（D），1D=1000mD（毫达西）。渗透率的国际单位为 μm^2，它与达西的关系是 $1\mu m^2=1.0132D$，在实际应用中取 $1\mu m^2=1D$。岩石的渗透率受到岩石的孔隙结构、孔隙连通性、孔隙形状和大小、岩石的物理和化学性质等多种因素的影响。例如，孔隙度越大，渗透率越高；孔隙连通性越好，渗透率越高；孔隙形状越规则，渗透率越高；岩石的孔隙中存在的流体种类、流体黏度、温度等因素也会影响渗透率。

对于热水驱油藏，随着温度的升高，岩石颗粒受热膨胀，引起体积增加。因为体积增加和热膨胀的各向异性，在岩石颗粒的内部以及岩石颗粒之间会产生热应力效应。当温度升高到一定程度，岩石内部产生的热应力超过岩石颗粒之间的抗张应力屈服强度时，岩石的内部结构就会发生变化，并形成新的微小裂缝，导致岩石渗透率大幅增加。这个使岩石物性发生突变的温度叫作岩石热开裂的门槛值温度。由于岩石组成、内部结构以及矿物颗粒之间的胶结程度不同，各种岩石的抗张应力屈服强度也不同，因此不同岩石的门槛值温度不同[11]。

一般来说，岩石的门槛值温度很高，对于热水驱而言，其温度难以达到岩石的门槛值温度。而在温度相对较低的情况下，岩石的主要变化是吸附水和层间水的变化。岩石是由不同的矿物组成，矿物中一般都存在吸附水、层间水与结构水。吸附水与层间水与矿物的结合比较松弛，在 100～200℃温度环境下即可脱出，而脱出晶格中结构水的温度则高达 400～800℃。矿物中存在的各种水分子的体积与岩芯的孔隙体积相比不可忽略。这些水存在于微小孔隙中，因而岩芯渗透率和孔隙度的变化较小。随着温度的升高，岩石介质活化和塑性成分逐渐增加，促进岩石由脆性向延性转化，并且矿物的结构和成分也发生变化。当温度升高到门槛值温度后，一些岩石矿物发生脱水和相变，氢基、羟基或水产生晶内扩散，微裂纹端部水发生聚集和水解作用等物理和化学反应，微裂缝迅速延展扩张，岩石的孔隙结构发生了较大变化，其结果是增加并改善了流体的流动通道，使岩石渗透率发生重大变化。

梁冰等[12]结合热应力理论，对岩石渗透率和温度的关系进行了公式推导。

当油藏温度发生变化时，岩石内部产生的热应力为：

$$\sigma' = \sigma - \delta\sigma_T \tag{3-19}$$

式中　δ——热应力系数；

　　　σ_T——含水层平均线膨胀系数；

　　　σ'——裂隙岩体总应力，Pa。

当单个固体微粒的压缩性与流体压缩性比较可完全忽略时，并且所有的热应力变化归因于有效的相互连通的孔隙空间，则孔隙度变化与有效应力变化关系式为：

$$d\phi = -\phi C_p (1-\phi) d\sigma' \tag{3-20}$$

式中　ϕ——岩石的孔隙度；

　　　C_p——流体压缩系数。

岩石和孔隙介质的压缩系数是与有效应力相关的，这里引进平均压缩系数 $\overline{C_p}$：

$$\overline{C_p} = \frac{1}{\sigma' - \sigma_0} \int_{\sigma_0}^{\sigma'} C_p d\sigma' \tag{3-21}$$

对式（3-20）积分，得到：

$$\varepsilon = \frac{\phi}{1-\phi} = \frac{\phi_0}{1-\phi_0} e^{-\overline{C_p}\Delta\sigma} \tag{3-22}$$

如果孔隙压缩系数是恒定的，则比值 ε 与有效应力的对数曲线应该为一条直线，求解孔隙度，得到：

$$\phi = \frac{\phi_0 e^{-\overline{C_p}\Delta\sigma}}{1 - \phi_0 \left(1 - e^{-\overline{C_p}\Delta\sigma}\right)} \tag{3-23}$$

而孔隙度与渗透率的关系式为：

$$k \propto \frac{\phi^3}{(1-\phi)^2} \tag{3-24}$$

结合式（3-23）和式（3-24），可得：

$$k = \frac{\phi_0^3}{(1-\phi_0)^2} \frac{e^{-3\overline{C_p}\Delta\sigma}}{1 - \phi_0 \left(1 - e^{-\overline{C_p}\Delta\sigma}\right)} \tag{3-25}$$

令 $\dfrac{\phi_0^3}{\left(1-\phi_0\right)^2}=k_0$，则式（3-25）变为：

$$k=k_0\frac{e^{-3\overline{C_p}\Delta\sigma}}{1-\phi_0\left(1-e^{-\overline{C_p}\Delta\sigma}\right)} \tag{3-26}$$

对于大多数的深层裂缝介质，式（3-26）分母接近于 1，该式可简化为：

$$k=k_0e^{-3\overline{C_p}\Delta\sigma} \tag{3-27}$$

由式（3-19）、式（3-20）和式（3-27），可得岩石渗透率与温度之间的关系：

$$k=k_0e^{3C_p\delta\alpha\left(T-\frac{\sigma_p-\delta_0}{\delta\alpha}\right)} \tag{3-28}$$

令 $k_0=a$，$3C_p\delta\alpha=b$，$\dfrac{\sigma_p-\delta_0}{\delta\alpha}=c$，则式（3-28）变为：

$$k=ae^{b(T-c)} \tag{3-29}$$

由式（3-29）可以看出，随着温度的升高，岩石渗透率逐渐增加，在初始阶段温度升幅缓慢时，渗透率增加缓慢，当升高到某一温度（即 $T-c=0$ 时）后，岩石渗透率升高的速率大幅增加，这一温度即被认为是门槛温度值。

渗透率的测定有实验室测定和现场测定两种方法。实验室测定主要包括渗透试验和压汞试验，其中渗透试验可以模拟地层中流体在不同温度、压力下的渗透情况；压汞试验则可以直接测定岩石的孔隙体积和孔隙半径，从而计算出渗透率。现场测定主要包括渗透率测试井等方法，通过在地下钻孔中测量流体在地层中的渗透能力来评价岩石的渗透率。渗透率的测定对于地质勘探和原油开采等领域具有重要意义，能够帮助人们理解地下流体运移和存储规律，指导油田勘探和开发。

3.2.2 岩石渗透率变化的实验研究

3.2.2.1 实验条件

GB/T 29172—2012 将净压力定义为围压与平均孔隙压力之差，而平均孔隙压力等于岩芯注入端压力与出口端压力之和的一半。而围压和净压力都会对岩石的渗透率产生一定的影响，因此在研究温度对岩石渗透率的影响时，有必要将围压和注入压力设为恒定值，以排除压力的干扰。同时，实验中在岩芯出口端施加 1.5MPa 回压，避免注入水在高温下形成水蒸气。

3.2.2.2 实验结果及分析

实验中，在各个温度点下，均固定净压力为 2MPa，分别对围压 4MPa、6MPa、8MPa 条件下的岩芯渗透率进行了测量，实验用岩芯取自白 153 区块，实验结果分别见图 3-6～图 3-8。

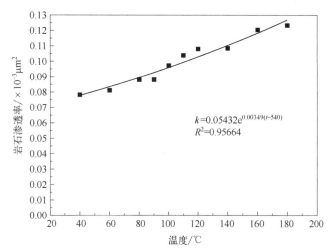

$$k=0.05432e^{0.00349(t-540)}$$
$$R^2=0.95664$$

图 3-6 围压 4MPa 条件下温度对岩石渗透率的影响

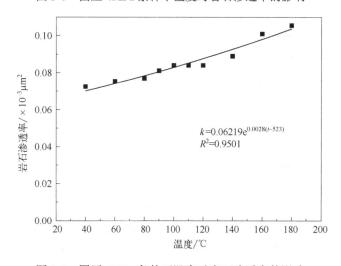

$$k=0.06219e^{0.0028(t-523)}$$
$$R^2=0.9501$$

图 3-7 围压 6MPa 条件下温度对岩石渗透率的影响

可以看出，在各种压力条件下，岩石的渗透率随着温度的升高而增大。三种压力条件下的门槛温度值分别为 540℃（4MPa）、523℃（6MPa）、497℃（8MPa），热水驱的温度区间远远小于门槛温度值，因此在热水驱过程中岩石的主要变化是吸附水和层间水的变化。这种变化幅度相比热应力引起的岩石渗透率的变化要小得多。另外，压力的大小对门槛值温度存在一定的影响。压力越大，门槛值温度越低。说明在较高压力作用下，岩石矿物发生脱水和相变的剧烈程度增加，微裂缝延展扩张需要的温度条件降低，即在较低的温度条件下就可实现岩石的热裂改造。

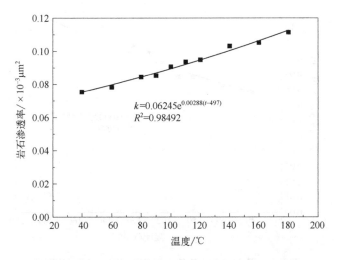

图 3-8　围压 8MPa 条件下温度对岩石渗透率的影响

岩石渗透率随着温度的增加呈现增大的趋势，即流体在岩石内的渗流能力增强，这对提高原油采收率是有利的。

3.2.3　岩石渗透率的测井方法

岩石渗透率是评价油气藏之间连接程度和深度及储层生产能力的关键参数，而测井方法是目前广泛采用的评价岩石渗透率的手段。本节将介绍常用的获取岩石渗透率的测井方法。

（1）声波测井

岩石渗透率决定了孔隙中流体的移动速度，而油气分布的变化又会对声波传播速度产生影响。因此，声波测井可以用于评价岩石渗透率。一般来说，岩石渗透率越高，声速越慢，反之亦然。而且，当孔隙度较高时，声波速度会更快一些，而当孔隙度较低时，声波速度会比较慢。

（2）核磁共振测井

核磁共振测井是一种新型测井技术，在评估岩石渗透率时也得到了广泛应用。该技术的基本原理是利用核磁共振现象，对磁场中的氢原子核进行测量。

通过对不同状态下的氢原子核信号的分析，可以反演出孔隙结构参数，从而计算出岩石渗透率。核磁共振测井技术具有很高的测量准确性和重复性。

（3）电阻率测井

电阻率测井可以评价岩石渗透率，并在勘探中得到着重应用。电阻率反映了矿物成分、孔隙结构和岩石含水率等因素的综合作用。当岩石渗透率增加时，孔隙空间所占比例变大，电阻率就会降低。反之亦然。因此，电阻率测井可以反演出岩石孔隙度、孔隙形态和渗透率等参数。

（4）自感测井

自感测井是一种可以评估岩石渗透率的新技术。该技术是利用自感应原理，通过测量因变量的变形，反演出岩石的弹性模量和泊松比等参数，从而计算出岩石的渗透率。实际应用中，该技术具有较高的可靠性和精度。

综上所述，岩石渗透率是油、气藏储层生产能力的关键因素，有许多测井方法可以评估这一参数。声波测井、核磁共振测井、电阻率测井和自感测井等方法都可以用于评价岩石渗透率，各有其优缺点，可以选择相应的测井方法来获得更准确的渗透率值，为油气开发提供更可靠的理论依据。

3.3　流体密度的变化

3.3.1　油藏流体密度变化的理论分析

油藏流体的密度是指油藏中各种流体（如原油、水、天然气等）的密度。油藏流体的密度通常是通过实验测定得到的。例如，可以将采集自油井的原油和水样品送到实验室进行密度测量。在实验室中，可以使用各种方法来测定油藏流体的密度，例如密度计、悬挂体秤等。

油藏流体的密度是非常重要的参数[13]，它可以直接影响到油气开采的效率。在进行油气采收的过程中，采油工程师需要准确地了解油藏流体的密度，以确定油气的流动性和采收方式，从而制定出更加有效的采油方案。此外，油藏流体的密度也是进行油藏评价、储量计算等工作的必要参数。当油藏温度和压力发生变化时，岩石孔隙内的原油和水的密度由于热膨胀和压缩也必然发生变化。

3.3.1.1　液体密度变化的综合效应

假设流体的热膨胀系数为 β_l，在这里流体的热膨胀系数是指恒压条件下，温度每升高 1℃时物质比容的变化率，由下式表示：

$$\beta_1 = \frac{1}{V} \times \left(\frac{\partial V}{\partial T}\right)_P \tag{3-30}$$

油藏流体中，原油的热膨胀系数最大，水次之。当缺少实验测定的数据时，原油的热膨胀系数可取$(7\sim 9)\times 10^{-4}\text{℃}^{-1}$。

根据液体热膨胀系数的定义可以得到温度变化时液体密度的变化为：

$$\Delta\rho_{lT} = -\rho_{li}\beta_1\Delta T \tag{3-31}$$

根据液体压缩系数的定义可以得到压力变化时液体密度的变化为：

$$\Delta\rho_{lP} = \rho_{li}C_p\Delta P \tag{3-32}$$

液体密度变化的综合效应为：

$$\Delta\rho = \Delta\rho_{lT} + \Delta\rho_{lP} = -\rho_{li}\beta_1\Delta T + \rho_{li}C_p\Delta P \tag{3-33}$$

$$\rho = \rho_{li} + \Delta\rho = \rho_{li}\left(1 - \beta_1\Delta T + C_p\Delta P\right) \tag{3-34}$$

3.3.1.2　油藏受热时内部液体密度变化的综合效应

油藏部分受热时，只有受热部分发生热膨胀，但压缩效应却发生在整个岩石体上，假设油藏受热区体积为V_h，因此液体密度的变化热效应和压缩效应分别为：

$$\Delta\rho_{lT} = -\rho_{li}\frac{V_h}{V_t}\beta_1\Delta T \tag{3-35}$$

$$\Delta\rho_{lP} = \rho_{li}C_p\Delta P \tag{3-36}$$

由式（3-33）和式（3-34）可知：

$$\Delta\rho = \Delta\rho_{lT} + \Delta\rho_{lP} = -\rho_{li}\frac{V_h}{V_t}\beta_1\Delta T + \rho_{li}C_p\Delta P \tag{3-37}$$

$$\rho = \rho_{li} + \Delta\rho = \rho_{li}\left(1 - \frac{V_h}{V_t}\beta_1\Delta T + C_p\Delta P\right) \tag{3-38}$$

3.3.2　油藏流体密度变化的实验研究

按照 GB/T 1884—2000《原油和液体石油产品密度实验室测定法（密度计法）》，将白 153 原油试样测量温度分别设定为 30℃、40℃、50℃、60℃，在每个试样温度下，均测量 5 次，取平均值。采用密度计的规格为 SY-02，最小分度为 0.0002。实验结果见表 3-2 和图 3-9。

可以看出，随着温度的增加，由于加热使原油发生热膨胀，从而使原油密度减小。白 153 原油密度与温度的拟合关系式为：

$$\rho(t) = 0.85408 - 2.8 \times 10^{-5} t，R=0.97073 \tag{3-39}$$

式中　$\rho(t)$ ——温度 t 时原油密度，g/cm³；

　　　　t ——试样温度，℃；

　　　　R ——相关系数。

由式（3-39）可以知，尽管随着温度的升高，原油密度是降低的，但其斜率仅为 -2.8×10^{-5}，说明原油密度变化范围较小。而根据式（3-39），原油密度随温度降低的斜率为 $-\rho_{oi}\beta_o$，根据第 2 章流体热膨胀系数测定结果，在热水驱温度区间，β_o 变化范围在 $(5.5 \sim 7.6) \times 10^{-4}$，则密度随温度降低的斜率范围在 $(4.7 \sim 6.5) \times 10^{-4}$，说明在高温条件下，原油的热膨胀作用更加剧烈，由此产生的膨胀能对原油的驱替发挥积极有益的影响。

表 3-2　不同温度下长庆超低渗原油密度

测量次数	原油密度/（g/cm³）				
	20℃（标准密度）	30℃	40℃	50℃	60℃
1		0.8533	0.8529	0.8525	0.8524
2		0.8534	0.8530	0.8527	0.8524
3	0.8535	0.8531	0.8529	0.8524	0.8526
4		0.8533	0.8531	0.8524	0.8526
5		0.8535	0.8531	0.8525	0.8525
平均值	0.8535	0.8533	0.8530	0.8525	0.8525

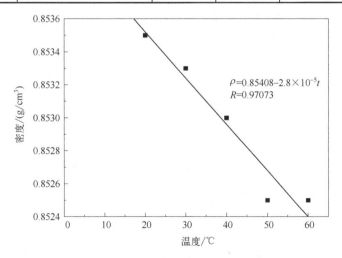

图 3-9　长庆油田超低渗原油密度随温度的变化关系

另外，在油藏条件下，高温也可能使原油中一些轻质组分挥发，使原油密度有减小的趋势，而压力的增大会使地层原油弹性压缩，从而导致原油密度增大，这些作用会抵消一部分由于温度升高引起的原油密度减小，因此，实际油藏热水驱条件下原油密度的变化可能并不明显。

3.4　原油黏度的变化

3.4.1　影响原油黏度的主要因素

流体黏度[14]是描述流体内部分子之间相互作用力大小的物理量，是流体运动阻力的量度。流体黏度的大小与流体内部分子之间的相互作用力大小有关，通常情况下，分子间相互作用力越强，流体黏度就越大。

在牛顿流体定律中，流体的黏度是指在剪切应力作用下，流体分子层之间相对运动速度的比例系数。它与剪切应力成正比，与分子层之间的相对速度成正比。换句话说，当我们施加一个剪切力到一个牛顿流体中时，流体分子层之间的相对运动速度与剪切力大小成正比，与分子层之间的相对距离无关。

数学上，牛顿流体定律可以表示为：

$$\tau = \eta \gamma \tag{3-40}$$

式中　τ——流体所受的剪切应力，Pa；

　　　η——流体的黏度，Pa·s；

　　　γ——流体的剪切速率，s^{-1}。

在牛顿流体中，流体黏度是一个常数，不随剪切应力或剪切速率的大小变化而变化。因此，如果我们用一个旋转黏度计或其他类型的黏度计测量一个牛顿流体的黏度，我们会发现当施加不同大小的剪切应力时，所得到的剪切速率与剪切应力之比始终保持不变，这就是牛顿流体定律的一个重要特征。然而，并不是所有的流体都遵循牛顿流体定律。例如，聚合物溶液、悬浮液和糊状物质等非牛顿流体的黏度会随剪切应力和剪切速率的大小变化而变化，这些流体需要使用更复杂的流变学模型进行描述。

原油的黏度是影响油井产量的重要因素之一。原油的化学组成是影响原油黏度高低的内因，也是最重要的影响因素。原油中重烃含量，特别是非烃含量（即胶质、沥青质含量），对原油的黏度有着最重要的影响。沥青质是具有短侧链的稠环芳烃，碳氢比（原子比）大致为 10，分子量从 10^3 到 10^5，胶质和沥青质组分相似，仅分子量比沥青质小。两者均具有一定黏性，为黑色、半固体状的无定形物。胶质和沥青质含量越高，即稠环和多侧链的氧、硫、氮化合物含量越高，液层分子的内摩擦力越大，原油的黏度越大。

除了原油的化学组成外，温度是原油黏度的重要影响因素之一。众所周知，对于热采稠油油藏而言，温度对原油黏度的影响是巨大的，随着温度的升高，稠油的黏度急剧降低，在高温条件下，甚至达到更优于常规轻质原油的流变特性。这是热采技术被广泛应用于稠油油藏的主要原因之一。而对于轻质油油藏，因为本身原油黏度比稠油小得多，这种加热降黏的效果必定不如稠油明显。但根据前人的研究成果，无论是地面原油还是地下原油，其黏度对于温度的变化都是敏感的。

对于地层中的原油，除了原油组成和温度外，影响原油黏度最主要的因素是溶解气含量的多少。这是因为地层原油溶解气以后，使液体分子间的引力部分转化为气液分子间的引力，而后者要比前者小得多。这导致地层中溶解气原油内摩擦阻力减小，因而地层原油的黏度也随之降低。表 3-3 给出了国内一些油田溶解气油比与地层原油黏度的关系，可以看出，随着溶解气含量的增大，地层原油黏度降低。

表 3-3　溶解气油比与地层原油黏度的关系

油层	原始溶解气油比（标准状况）/（m³/t）	地层原油黏度/（mPa·s）
孤岛油田 G 层	31.9	14.2
大港油田 M 层 44 井	43.3	13.3
大庆油田 P 层	55.9	9.3
玉门油田 L 层	68.5	3.2
胜利油田营 4 井	70.1	1.88

压力对地层原油黏度也有一定的影响，当压力高于饱和压力时，随着压力的增加，地层原油弹性压缩，使密度增大，液层间摩擦阻力增大，原油黏度相应增大，只是增幅较小。当地层压力小于饱和压力时，随着地层压力的逐渐降低，原油中的溶解气不断分离出去，地层原油黏度急剧增加。因此，在压力低于饱和压力时，压力对原油黏度的影响可归结为原油中溶解气含量的改变。

综上所述，除了原油组成这一内因外，温度、溶解气含量、地层压力都是影响地层原油黏度的因素，其中以温度影响最为显著。对于开展任何热采油藏，研究地层原油与温度之间的黏温关系至关重要。对于超低渗透热水驱油藏，注热水过程中使地层压力增加，油藏温度升高，有益于降低地层原油的黏度，改善其流动性，这无疑会增加热水驱的效率。

3.4.2 原油黏温关系实验研究

3.4.2.1 实验条件

原油黏温曲线的测定依据为 SY/T 7549—2000 石油行业标准《原油粘温曲线的确定——旋转粘度计法》。采用 HAAKE RS600 流变仪（3-10）对白 153 区块原油进行常压下的黏温关系的测定。

图 3-10　HAAKE RS600 流变仪

旋转流变仪是当今较为通用的流变测定工具，可针对多种不同的流变测量方法进行配置，以探测悬浮体的构造和性能。其工作原理是，在两个测量板或其他相似的几何形状板（如锥板或杯和转子系统）之间加载样品。当在上平板施加一个扭矩时，就会在材料上产生一个旋转剪切应力，并测得所形成的应变或应变速率（切变速率）。HAAKE RS600 流变仪是一种高精度、高灵敏度的旋转式流变测量仪。样品通过样品容器和采样头连接到旋转圆盘上，通过旋转圆盘和采样头的旋转，对样品施加剪切力，从而测量样品的剪切应力和剪切速率。同时，HAAKE RS600 流变仪还可以通过不同的采样头、圆盘和附件来适应不同类型的样品，如黏稠液体、胶体、塑性体、固体等。

HAAKE RS600 流变仪还具备自动化控制、数据记录和分析功能，用户可以通过电脑软件对实验过程进行控制和监控，并对实验数据进行处理和分析。该流变仪还具有多种操作模式，如时间扫描模式、剪切速率扫描模式、剪切应力扫描模式等，用户可以选择不同的模式来适应不同的实验需求。

3.4.2.2 实验结果及分析

实验测定不同温度下的原油黏度，测试结果如图 3-11 所示。

Andrade 黏温关系式是热力采油工程计算中常用的。经拟合得到白 153 区块原油的黏温关系为（Andrade 黏温关系式）：

$$\mu = 0.02394e^{1827.9/(t+273.15)}, \quad R^2 = 0.99003 \tag{3-41}$$

式中　μ——原油黏度，mPa·s；

t——温度，℃；

R^2——相关系数。

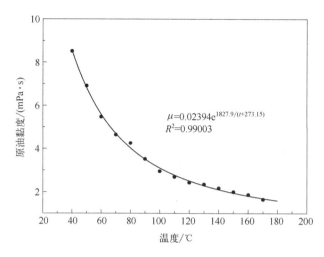

图 3-11　长庆油田超低渗原油黏温关系曲线

从黏温曲线关系可以看出，随着温度的升高，原油黏度逐渐降低，表现出对温度的强敏感性。在40～120℃温度范围内，黏度的降低幅度较大；当温度高于120℃后，原油黏度降低幅度较小。因此，注入热水对于改善原油在采出过程中的流动性体现出有益的作用。尽管这种加热降黏的效果没有热力开采稠油明显，但对于超低渗透油藏，这种降黏作用无疑会在一定程度上降低原油在油藏以及井筒中的流动阻力，有益于采收率的提高。

3.5　储层微观孔隙结构的变化

3.5.1　储层孔喉大小及分布的变化

在岩石中，孔隙是指由岩石颗粒之间的间隙和空隙组成的空间。孔隙度[15]决定着岩石中可以储存多少油气，同时也影响着油气在岩石中的流动。孔隙度越高，岩石中储存的油气量就越大。相对于孔隙，喉道则是相对狭窄的连通部分。喉道大小、分布和几何形状对岩石的渗透率和渗流特征影响很大，因为它们是岩石中流体渗流的重要通道。岩石中的喉道大小和分布不仅决定了油气在岩石中的运移速度，还影响着采油工艺的选取。不同的采油工艺需要的喉道大小不同，因此了解储层岩石的孔隙度和喉道分布对于油气开发是非常关键的。

利用不同温度下的毛管力曲线计算各温度下长庆油田超低渗透岩芯的孔喉

分布情况，结果见图 3-12。

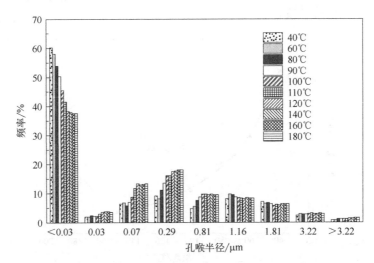

图 3-12　温度对孔喉分布频率的影响

如图 3-12 所示，长庆油田超低渗岩芯孔隙喉道细小，大部分孔喉半径都小于 0.03μm，按照李道品等对孔隙喉道的划分原则，属于微喉道类型，因此岩芯宏观表现出超低渗透率的特点。随着温度的升高，岩芯孔喉分布发生显著变化：半径＜0.03μm 的微喉道数量明显减小，半径 0.03～0.81μm 的细喉道数量呈增大趋势，半径 1.16～1.81μm 的中喉道数量稍有下降，且三者均在温度达到 120℃后趋于稳定；而半径>3.22μm 的粗喉道数量在温度达到 80℃后有所增加。在高温作用下，微喉道数量减少，大孔喉数量增多，岩芯的微观孔喉结构得到一定程度的改善。同时，低渗透岩芯的渗透率基本由少部分大孔径的孔喉贡献，因此其数量的增加有利于岩芯渗透率的提高，这一结果与温度对渗透率的影响结果一致。

3.5.2　储层微观孔隙结构变化实验研究

3.5.2.1　实验原理

热水驱过程中，由于高温热水的注入，储集层内部引起固相（岩石）、液相（油和水）、气相之间强烈的物理、化学和地球化学作用，岩石矿物产生溶解、沉淀和蚀变，进而引起储集层如渗透率、孔隙结构以及渗流喉道等诸多变化。而进行超低渗透储层岩芯的微观孔隙形态特征的研究，对于认识超低渗透油藏热水驱机理有着重要意义。本文利用扫描电镜对白 153 区块超低渗透岩芯进行观察，分析热水驱条件下岩石储层微观孔隙结构的变化。

扫描电镜（scanning electron microscope）是一种利用电子束扫描样品表面从而获得样品信息的电子显微镜。它既可以应用于观察物体形貌，也可以分析物质的微成分。扫描电镜具有较高的分辨率（1nm 左右），并且制样方便，成像立体感强、视场大。通过扫描电镜可直观地观察岩石样品的孔隙结构，包括岩石孔隙的形状、大小、分布特点，以及孔隙间的连通状况和固体颗粒骨架的特点等。

扫描电镜的原理是利用聚焦得非常细的高能电子束在样品上扫描，激发出各种物理信息。通过对这些信息的接收、放大和显示成像，获得试样表面的形貌特征。高能量入射电子束与岩石试样的原子核及核外电子发生作用后，可产生多种物理信号如图 3-13 所示。

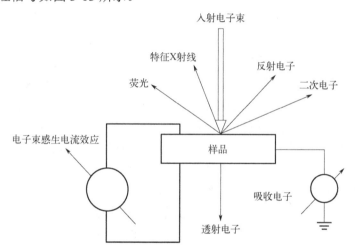

图 3-13　电子束和固体样品表面作用时的物理信号

当电子束打到试样上某点时，在荧光屏上就有一亮点与之对应，其亮度与激发后的电子能量成正比。也就是说，扫描电镜是采用逐点成像的图像分解法进行的，光点成像的顺序是从左上方开始到右下方，直到最后一行右下方的像元扫描完毕，便完成了一帧图像。

3.5.2.2　实验步骤

① 制备样品：将岩芯洗净烘干并用铁锤敲碎，选取表面相对平整、大小适中（长约 1cm）的岩块，用胶水将其粘到载物铁片上，剪取大小适中的导电胶带黏附在岩芯块表面某处，以作为每次扫描的定位点，并对岩芯进行喷金处理；

② 用电镜扫描仪在岩芯块定位点附近进行初始状态扫描；

③ 扫描结束后，将载有岩块的载物片放入盛水的耐温瓶中，并置于一定温

度的烘箱中；

④ 置于热水中浸泡 3 天之后，取出载物片，并在相同温度下对岩芯块进行烘干处理；

⑤ 对烘干的岩芯块再次用电镜进行定位扫描，即获得该温度下岩芯的微观孔隙形貌；

⑥ 重复步骤③～⑤，对不同温度热水处理后的岩芯进行电镜扫描。

3.5.2.3 实验结果及分析

电镜扫描的结果见图 3-14 和图 3-15。一般来说，低渗透储层的孔隙形态类型，按照通用的混合分类方法，可以概括为 5 种：粒间孔、溶蚀孔、微孔隙、晶间孔和裂隙孔。粒间孔是碎屑物质在沉积过程中由颗粒的堆积而产生的原生孔隙。溶蚀孔是原生孔隙受成岩作用，在油层的可溶矿物溶解后形成的孔隙。这两种孔隙是油层中的主要流动孔隙。它们共同的特点是连通性好，其含量的多少影响油层物性的好坏。微孔隙是沉积作用发生时泥状杂基收缩和黏土的重结晶作用形成的孔隙。储层在胶结严重的情况下会含有大量的微孔隙。微孔隙含量增多，是造成渗透率降低的因素之一。晶间孔主要是在成岩后生作用中由于自生晶体的生长而产生的。通常晶体的生长会堵塞粒间孔隙，把大的粒间孔分割为小的晶间孔，从而影响储层的渗透性。裂隙孔主要有 2 种类型：一是受沉积作用控制的岩性裂隙，二是受构造作用控制的构造裂隙。裂隙的存在，可以沟通孤立溶孔和微孔隙，对改善低渗透油层的渗流状况有利。从扫描电镜的图像可以看出，超低渗岩芯孔隙呈现出较复杂的非均质性，孔隙类型有粒间孔、微孔隙、裂隙孔和溶蚀孔。既可以在局部看到颗粒结构明显，填隙物较少的粒间孔，也可以在其他地方发现严重的胶结物充填，在这些地方，微孔隙与裂隙孔共存。另外，还发现了因长石溶蚀作用产生的溶蚀孔，连通性较差。

(a) 初始状态

(b) 60℃热水浸泡处理

(c) 100℃热水浸泡处理

(d) 180℃热水浸泡处理

图 3-14　不同温度热水浸泡对岩芯孔隙大小的影响

　　图 3-14 呈现了岩芯经不同温度热水浸泡后，同一孔隙的大小变化情况。图中实线圈1所画区域的孔隙半径相对较大，当热水温度由初始状态升高到60℃时，该孔隙半径变化不明显，但温度升高到100℃后，该孔隙半径逐渐减小，当温度达到180℃时，孔隙已由三角状变为弯片状，近似于喉道的结构。可见孔隙半径随着热水温度的升高而减小。图中实线圈 2 所画区域的粒间孔隙半径相对较小，即使热水温度升高到180℃，其大小也几乎没有发生改变。岩石颗粒受热会向孔隙空间膨胀，对于较大的孔隙而言，其膨胀阻力较小，

因此升温引起的孔隙减小幅度较大；而对于较小的孔隙及粒间孔而言，颗粒接触点之间相互挤压，阻止了向孔隙内部的膨胀，因此温度升高不会使这部分孔隙明显地减小。但当孔隙半径进一步增大时，如图中虚线圈 3 区域内孔隙，随着温度升高，其变化呈现了与实线圈区域内孔隙相反的趋势，当温度达到 180℃时，孔隙半径大幅增长，这种变化应该与孔隙内部黏土矿物的大量脱水密切相关。

图 3-15 呈现了岩芯经不同温度热水浸泡后，同一位置的微粒运移情况。对比不同温度热水浸泡条件下左侧图片的实线圈区域可以发现，当热水温度小于 100℃时，孔隙空间被一细小颗粒分隔成为两部分，但当温度达到 140℃后，该微粒消失，两个原本独立的孔隙空间连通并形成一个整体。而对比右侧图片的实线圈区域可以发现，当热水温度小于 60℃时，孔隙空间为一整体，但当温度达到 100℃后，孔隙中侵入了一个细小颗粒，堵塞了部分孔道，将其分隔成为两部分。这种现象表明，在热水浸泡过程中某些胶结疏松的细小微粒存在运移情况。

(a) 初始状态

(b) 60℃热水浸泡处理

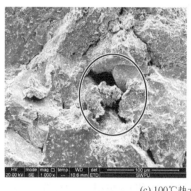

(c) 100℃热水浸泡处理

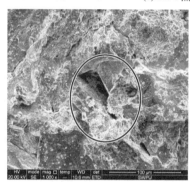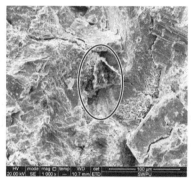

(d) 140℃热水浸泡处理

(e) 180℃热水浸泡处理

图 3-15　不同温度热水浸泡引起的微粒运移

　　在对岩芯进行热水浸泡时，其中一些胶结疏松、成分和结构成熟度较低的岩石颗粒以及黏土矿物会在水的作用下膨胀、运移。随着温度的升高，水分子的热运动加剧，这种现象会更加明显。热水驱过程中，热水处于流动状态，微粒受到的驱动力将更大，更容易发生运移。低渗透油藏的岩石胶结程度较高，一般不易发生移动，但黏土矿物的膨胀运移不可忽视。尤其黏土矿物中的蒙脱石具有极强的遇水膨胀特性，在注热水条件下，溶液中富含的 Na^+ 易与蒙脱石中的 Ca^{2+}、Mg^{2+}、K^+ 发生交换，使蒙脱石 Na^+ 基化，使其膨胀率增大。黏土矿物，尤其是蒙脱石矿物，在热水中的膨胀不但会使大孔喉变小，小孔喉中断，而且会使附着在颗粒表面的泥质松懈、碎裂，产生颗粒，堵塞孔喉或堆积在大孔隙中，使大孔隙减少和毛细管根数增加，渗流阻力增加，影响开发效果。因此，在热水驱现场实践中，应注重黏土的防膨处理。

综上所述，在热力采油过程中，无论是岩石骨架矿物还是黏土矿物，都会发生不同程度的溶解，致使储集层孔隙度变大，使储集层吸水能力增强。矿物溶解使胶结疏松，成分和结构成熟度较低的储集层变得更加松散。热水驱时，当流体在储集层中流动时，如果流速过大，就会使岩石孔隙中的松散物或松散地附着在骨架颗粒表面的细小微粒脱落，随着流体发生移动，在孔道中形成堆积而堵塞孔道，影响岩石的渗透性。并且，矿物溶解会使储层的非均质性加剧，如果储层本来就有较强的非均质性，注入的热水沿着高渗层突进，这样会导致高渗层段水-岩作用强烈，而其他的层段很少受到影响，从而使非均质性加剧。毋庸置疑，热水驱过程中产生的岩石颗粒运移对提高原油采收率是不利的，但在矿场热水驱试验中，可以通过对黏土进行防膨处理，控制合理的驱替速度，从而将这种伤害降到最低。

3.6 注热水条件下的原油蒸馏

3.6.1 常压条件下的原油蒸馏

原油的馏分分布[16]是评价原油质量的重要指标之一。原油的组分非常复杂，碳原子数在 C_{12} 以下的可定性组分峰达 232 个，其中单体烃峰 138 个，多组分峰 30 个，碳原子数 $C_8 \sim C_{12}$ 组分峰 64 个，造成原油中组分难以定性。

由于原油中包含复杂的组分，其中含有大量的可定性组分峰。根据不同的烃类组分沸点的不同，通常采用美国材料与试验协会（ASTM）的测定方法来评估原油的馏分分布，其中包括 ASTM D5307 和 ASTM D7169 等方法。在热水驱实施过程中，通常会向地下注入高温的热水，使原油经过加热后发生蒸馏作用，从而提高产出率。在这个过程中，油、水两相共存于储层中。经过一定时间的加热后，原油中的组分会发生沸腾和分离，最终形成不同的馏分组分，其中长链烃类会较晚沸腾而出，而短链烃类会较早沸腾而出。

通过探讨长庆油田低黏原油蒸馏馏分的质量收率（质量分数）关系以及不同温度下蒸馏组分的变化，研究热水驱的蒸馏作用。测试过程中使用了 100mL

规格的耐压钢制容器以及最高加热温度达到 200℃的烘箱。测试步骤包括准备
测试所用油水样、连接测试仪器和设备，向容器中加入一定量的测试样品并密
封，加热至预定温度后保持恒温，在不同时间点记录馏分体积并收集冷凝析出
的馏分，最后使用色谱仪对不同时间点收集的馏分进行分析。在测试中，我们
考察了常压和地层压力下样品的蒸馏分数与组分变化情况，并对容器内的蒸馏
作用进行了深入研究。通过这些测试步骤，可以更好地理解长庆油田低黏原油
的蒸馏行为及组分分布。

　　原油蒸馏前的组分分布如图 3-16 所示。可以看出，该油样丁烷类烃占比较
低，相较于戊烷类烃和较长碳链烃而言，丁烷类烃的含量较少。戊烷、异戊烷
和戊烯占比更高。戊烷类烃的占比为 0.42%，C_5 的占比为 0.65%，说明这些原
油中还是以戊烷类烃为主要组成部分。随着碳数的增加，各组分的百分比逐渐
减少。总体而言，C_6 及以下烷烃类烃占比 20.16%，而 C_7 以上的烷烃类烃占比
共计 79.84%，这意味着原油以高碳数的烷烃类烃为主。

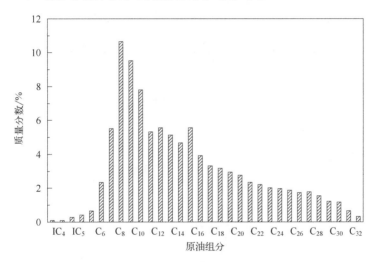

图 3-16　原油蒸馏前的组分分布

　　在常温下，将 40mL 的纯油和 40mL 的油/水混合体系在色谱分析仪中进行
蒸馏实验，测试不同蒸馏时间下的馏出物组分。结果显示，在 100℃下蒸馏得
到的主要馏出物为碳数范围为 $C_2 \sim C_{20}$ 的烃类，其累计占比在 94.3%～97.2%之
间。不同蒸馏时间下各组分所占百分比详见图 3-17 和图 3-18。

　　图 3-17 和图 3-18 的结果显示，100℃常压下进行蒸馏实验的不同体系的组
分百分数分布曲线有很大的差异。这表明，体系中是否含有水分对蒸馏结果会
产生较大的影响。在不含水的纯油体系中，蒸馏产物的组分形成了一个明显的

尖峰，主要由 C_6～C_9 的烃类组分构成，占比约为 66%。而在含水体系中，馏出物组分的波峰比较缓，主要由 C_6～C_{14} 的烃类组分构成。据分析，造成这种差异的原因在于，单纯含油的体系在 100℃ 常压下主要对 C_6～C_9 的烃类产生作用。而在含水体系中，水蒸气的产生除了对 C_6～C_9 的烃类产生蒸馏作用外，还有利于带出 C_{10}～C_{14} 的较重的烃类组分。

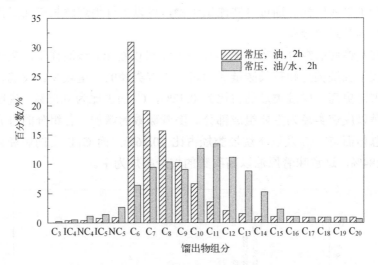

图 3-17　纯油与油/水混合体系蒸馏组分对比（2h）

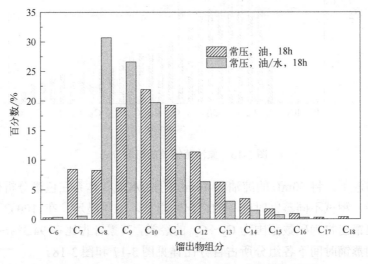

图 3-18　纯油与油/水混合体系蒸馏组分对比（18h）

　　从测试结果（图 3-19）知，纯油体系在整个蒸馏过程中馏分主要集中在 C_6～C_9，百分含量变化趋势较为接近。

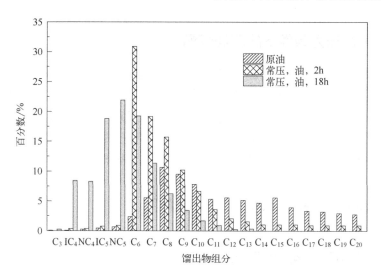

图 3-19　纯油体系不同蒸馏时间组分对比

根据图3-20显示的结果，在100℃常压下蒸馏油/水混合体系时，4h时C_6～C_9之间馏分所占比例最高。随着蒸馏时间的延长，水蒸气对C_9以上的较重烃类组分的携带比例逐渐增加。实验持续了24h，在纯油体系中观察到，在蒸馏24h后几乎没有明显的馏出物冷凝析出。在油/水混合体系中，在蒸馏24h后也基本没有明显的馏出物冷凝析出。这表明，在100℃常压下，蒸馏作用主要发生在热力作用的初期阶段，随着热力作用时间的延长，蒸馏作用效果逐渐减弱。

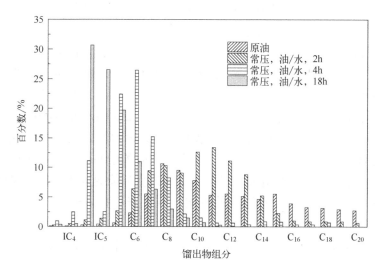

图 3-20　油/水混合体系不同蒸馏时间组分对比

3.6.2　地层压力条件下的原油蒸馏

由于地下的原油和水混合状态处于高压状态，取地层压力值为 9.5MPa，测试了地层压力条件下原油/水混合体系在不同温度（40℃、60℃、80℃、100℃、120℃）下的蒸馏情况。测试结果表明，在地层压力为 9.5MPa 条件下和 40～120℃的温度下，蒸馏出口端未收集到任何蒸馏组分。在测试温度和压力条件下，油/水混合体系和纯油体系均未能达到沸腾条件，因此不会产生馏分。

3.7　温度对岩石润湿性的影响

3.7.1　影响岩石润湿性的主要因素

岩石润湿性是指岩石表面与油水相接触时液滴与岩石表面之间接触角的大小。岩石润湿性直接影响到流体在岩石孔隙中的分布、渗透性和产能等。根据岩石表面和流体之间相互作用力的不同，岩石润湿性可分为亲水性、疏水性和中性润湿性。

初始孔隙由地层水所占据，尽管如此，力的分布是不同的。地层水[17]在岩石表面由于吸附力形成一层水层，这个吸附力称为黏附力（adhesion force），是指水分子与岩石分子之间的力，就如同胶水一般将此水层与岩石表面牢牢吸附，这一层水是无法通过自然驱替驱扫出来的。远离岩石表面的水分子与吸附于岩石表面的水分子之间由于黏滞力（cohesion force）形成易于运移的一层，黏滞力存在于相同流体之间，黏附力远远高于黏滞力。初始条件下所有岩石均是水湿的。润湿性用来描述两种非混相流体在固体表面的相对附着力；附着于岩石表面的水层使岩石水湿，这部分水称为束缚水（irreducible water），意为无法开采出来的水。当油气向孔隙中运移时，必须经过孔喉，这时需要一个压力使油气能够通过孔喉进入孔隙，这个力称为毛管力（capillary pressure）。油气进入孔隙后，由于附着于岩石表面的束缚水所受的黏附力最大，无法通过压力驱走，因而油气驱替出中间位置的地层水，并占据孔隙的中间位置。束缚水只有在化学反应下才有可能被驱替出来，即润湿性的改变只能通过化学反应实现。

岩石的润湿性受到一些因素的影响，例如岩石孔隙结构、地质历史、温度、压力等。在石油勘探和生产中，对岩石润湿性的研究可以帮助确定合适的钻井液、地质储层的物性参数、油气的分布规律和产能等，具有重要的实际应用价值。

影响岩石润湿性的主要因素如下。

（1）岩石本身的化学成分

岩石的化学成分会影响其表面的电性质，从而影响液滴石表面的接触角。例如，一些酸性岩石表面上带有负电性，易使液滴表现出较大的接触角。

（2）岩石的表面结构

岩石的表面结构会决定液滴与岩石表面的接触面积和液滴界面张力。一些具有粗糙表面的岩石表面易使液滴形成较大的接触角。

（3）油水与岩石的化学亲合性

油水与岩石的化学亲合性也会影响液滴与岩石表面的接触角。对于亲水性的岩石来说，水在表面形成的接触角较小，而油在该表面形成的接触角较大；而对于疏水性的岩石来说，情况则恰恰相反。亲水性岩石的表面张力低，容易被水润湿，因此水在亲水性岩石中的分布较广，渗透性较好，典型的亲水性岩石包括砂岩和碳酸盐岩等。疏水性岩石的表面张力高，不容易被水润湿，因此水在疏水性岩石中的分布较少，渗透性较差，典型的疏水性岩石包括页岩和火山岩等。中性润湿性岩石的表面张力处于亲水性和疏水性之间，既可以被水润湿，也可以被油润湿。这种岩石在油气勘探和生产中比较常见，因为它既可以作为油气的储集层，又可以作为油气的盖层。

（4）温度和压力

油层和流体的温度和压力变化均会影响液滴与岩石表面的接触角。一些情况下，温度升高岩石表面的电性质改变从而影响液滴接触角的大小。压力增加能够促使润湿介质更容易进入岩石表面的微小空间，从而使润湿性得到改变。然而，不同类型的岩石对温度和压力的响应可能不同，岩石的润湿性是由多种因素综合决定的。

在水驱条件下，岩石孔隙内油水共存，究竟是水附着到岩石表面把油揭起，还是水只能把孔隙中部的油挤出，这要由岩石的润湿性决定。岩石润湿性是岩石-流体的综合特征。一般认为润湿性、毛管压力特性属于岩石-流体静态特征，而相对渗透率属于岩石-流体动态特征。无论静态还是动态特征，都与流体在岩石孔道中的微观分布和原始分布状态有关。

润湿性是研究外来流体（热水）注入油层的基础，是岩石-流体间相互作用的重要特性，了解岩石的润湿性也是对储层最基本的认识之一，岩石润湿性是和岩石孔、渗、饱、孔隙结构等同样重要的一个基本参数。对于超低渗透油藏热水驱，研究岩石的润湿性对判断注入的热水能否很好地润湿岩石表面、分析水驱油过程水的洗油能力以及研究热水驱提高超低渗透油藏原油采收率机理有着十分重要的意义。

3.7.2 岩石润湿性变化实验研究

3.7.2.1 实验设备及测定原理

实验设备主要为 KRUSS 光学接触角测量仪，见图 3-21。恒温箱最高工作温度不小于 200℃，微量注射器：0.01mL、1mL 等。KRUSS 光学接触角测量仪是一种常用于测量液体和固体之间接触角的设备。接触角是描述液体在固体表面上展开的一种物理现象，液体在固体表面的分布和形态取决于其表面张力和固体表面的润湿性。KRUSS 光学接触角测量仪采用光学显微镜来测量液体和固体之间的接触角，通过将一个小液滴滴在固体表面上，然后测量液滴和固体之间形成的接触角来分析固体表面的润湿性。该仪器操作简单，用户只需将待测样品放置在设备上，然后通过计算机软件控制液体的滴落和显微镜的移动来完成测量。KRUSS 光学接触角测量仪可以测量固体表面的静态接触角、滚动角和动态接触角等参数，对于研究液体和固体之间的润湿性和相互作用具有重要意义。在石油工业中，KRUSS 光学接触角测量仪可以用于研究岩石表面的润湿性及其对油水分离等过程的影响。

图 3-21　KRUSS 光学接触角测量仪

实验按照中华人民共和国石油天然气行业标准 SY/T 5153—2017《油藏岩石润湿性测定方法》中接触角法进行。测量润湿接触角法是直接测量方法中最常用的方法，在该类润湿接触角测量方法中液滴法最简单实用。其做法是将矿物磨成光面，浸入油或水中，在矿物光面上滴一滴水或油，直径 1～2mm。利用一定的光学仪器或显微镜将液滴放大，将液滴形状拍照，便可在照片上直接测出接触角。岩石润湿性的判别参照表3-4。

表3-4　岩石润湿性判别表

接触角 θ	$0°\leq\theta\leq75°$	$75°<\theta\leq105°$	$105°<\theta\leq180°$
润湿性	亲水	中性润湿	疏水

为了使接触角法能求出一个有代表性且准确的岩石润湿性，测量用原油和地层水应尽可能取自油层的新鲜样品，也可以用模拟油和模拟地层水（根据地层水资料配制）。实验采用的是配制的白153区块模拟地层水，原油则是取自该区块的脱气原油。

一般认为，温度对岩石润湿性影响较大，而压力则对岩石润湿性影响较小，因此，本次实验主要考察的是温度对岩石润湿性的影响。

3.7.2.2　试样准备及实验步骤

实验用水为按照岩样对应层位的地层水数据配制而成，实验用油为岩样对应层位未被污染的原油，经过脱水脱气处理。岩样用酒精苯混合溶剂抽提按照GB/T 29172的要求烘干至恒重，将岩芯分成几段磨平抛光，用垂直晶轴切片，使用显微光度计观察，放大1000倍时无条形痕迹。

实验测定方法为：分别在干净的岩芯磨光片表面滴上一个油滴，在固-液-气三相界面上，由于表面张力的作用，形成接触角。然后用聚光灯通过显微镜在屏幕上放大成像，用量角器直接量得接触角的大小。测定结束后，对接触角曲线分别进行拟合计算，获得待测液体在岩芯片表面的接触角。岩芯样品和原油样品在实验温度条件下恒温24h，地层温度下老化10d。然后测定分析。具体实验步骤如下：

① 彻底清洗小室和矿片后，把实验矿片安装在两极支架上，拧紧小室封盖。抽真空试漏后，充填氮气；

② 用抽过真空的实验用水充填小室，使磨光矿片完全浸没在缺氧水中，让矿片在恒温水中至少浸泡36h；

③ 用专用微量注射器在矿片上注入一个恒温的油滴，通过小室的透明玻璃能清楚地观察到油滴的外形；

④ 待原油和水之间在恒温条件下平衡一段时间后，接触角慢慢地开始发生变化，直到接触角保持不变。通过仪器的光学镜头，对液滴采用照相测量直至接触角保持不变，用水相测角仪测量固体表面与油水接触面形成的接触角。

3.7.2.3 实验结果与分析

温度为 70℃时，油藏岩石润湿性测定结果见表 3-5 和图 3-22。

表 3-5 70℃热水驱后原油在岩石上的润湿性

序号	1	2	3	4	5	6	7	8	9	10	平均值
岩芯 1 接触角/(°)	23.7	21.1	20.5	20.7	19.8	19.5	20.0	19.2	19.0	18.9	20.24
岩芯 2 接触角/(°)	23.4	21.5	20.6	20.9	20.3	19.7	19.8	20.1	19.3	19.4	20.50

从表 3-5 中可以看出，70℃热水驱后的原油在岩石上的润湿性较好，接触角呈现相对较小的数值。岩芯 1 的平均接触角为 20.24°，略小于岩芯 2 的平均接触角 20.50°，说明岩芯 1 的润湿性稍好一些，但两者差异不大。

图 3-22 不同时刻拍摄的原油-岩芯润湿性照片（70℃/岩芯 1）

温度为 100℃时，油藏岩石润湿性测定结果见表 3-6 和图 3-23。

表 3-6　100℃热水驱后原油在岩石上的润湿性

序号	1	2	3	4	5	6	7	8	9	10	平均值
岩芯 1 接触角/(°)	15.7	15.3	15.1	15.0	14.6	14.2	14.6	14.1	13.6	13.7	14.59
岩芯 2 接触角/(°)	15.9	15.3	15.4	15.0	14.6	14.4	14.3	14.4	13.8	13.9	14.70

从表 3-6 中可以看出，100℃热水驱后原油在岩石上的接触角都比 70℃热水驱后的接触角小，说明温度的升高有利于提高润湿性。岩芯 1 的平均接触角为 14.59°，略小于岩芯 2 的平均接触角 14.70°，说明岩芯 1 的润湿性仍然稍微好一些，两者的差异仍不显著，可能与岩石的孔隙结构、表面粗糙度、矿物组成等因素有关。

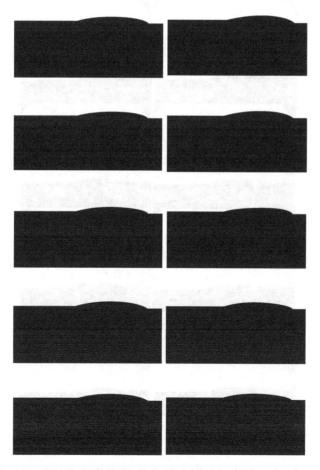

图 3-23　不同时刻拍摄的原油-岩芯润湿性照片（100℃/岩芯 1）

热水驱提高原油采收率原理与技术

温度为 150℃时，油藏岩石润湿性测定结果见表 3-7 和图 3-24。

表 3-7　150℃热水驱后原油在岩石上的润湿性

序号	1	2	3	4	5	6	7	8	9	10	平均值
岩芯 1 接触角/(°)	13.1	12.1	13.3	10.9	11.6	12.1	10.5	11.8	11.5	11.1	11.80
岩芯 2 接触角/(°)	13.3	12.3	13.4	10.9	11.7	12.3	10.6	11.9	11.7	11.5	11.96

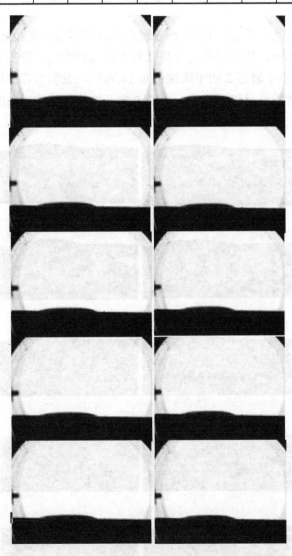

图 3-24　不同时刻拍摄的原油-岩芯润湿性照片（150℃/岩芯 1）

温度为 200℃时，油藏岩石润湿性测定结果见表 3-8 和图 3-25。

表 3-8　200℃热水驱后原油在岩石上的润湿性

序号	1	2	3	4	5	6	7	8	9	10	平均值
岩芯 1 接触角/(°)	12.4	10.5	11.0	11.6	10.5	11.0	10.5	11.8	11.4	11.0	11.17
岩芯 2 接触角/(°)	12.4	10.6	11.1	11.7	10.7	11.2	10.6	11.9	11.7	11.3	11.32

根据表3-8数据，可以发现每个岩芯的平均接触角值为11°~12°，表明200℃热水驱后的原油润湿性进一步提高，接触角呈现更小的数值。然而需要注意的是，表3-7中岩芯1和岩芯2的平均接触角值分别为11.80°和11.96°，两者接触角的差异为0.16°，也就是说岩芯2的润湿性比岩芯1略好，但差异并不显著。综合实验结果，可以得出结论：200℃热水驱后的原油在岩石上的润湿性进一步提高，不同样本之间的润湿性差异较小。

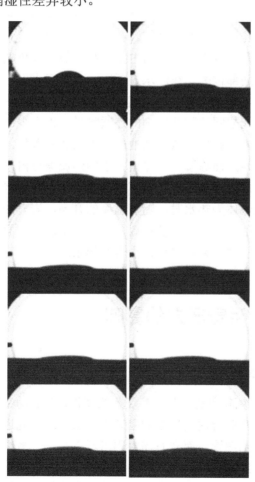

图 3-25　不同时刻拍摄的原油-岩芯润湿性照片（200℃/岩芯 1）

不同温度下原油-岩石润湿性变化见表 3-9，由表中可以看出，随着温度升高，原油-岩石的润湿性呈逐渐改善的趋势，表现为润湿角逐渐减小，岩芯的亲水性逐渐增强。因此，可以认为温度升高能够显著提高岩芯的亲水性，降低含油饱和度，这也是热采技术能够取得优异效果的原因之一。因此，可以看出利用热采技术可以有效地改善原油-岩石的润湿性，提高采收率。

表 3-9　原油-岩石润湿性变化

温度/℃	70	100	150	200
岩芯 1 接触角平均值/(°)	20.24	14.59	11.80	11.17
岩芯 2 接触角平均值/(°)	20.50	14.70	11.96	11.32

在水驱过程中，岩石的润湿性对采收率的影响是多方面的。首先，润湿性决定了油水在岩石孔道中的微观分布。在孔道中各相界面张力的作用下，润湿相总是力图附着于颗粒表面，并尽力占据较窄小的孔隙角隅，而把非润湿相推向更畅通的孔隙中间部位去。在注水过程中，对于亲水岩石，随着含水饱和度的增加，水除了附着于颗粒表面的水膜和边角之外，还会占据大孔隙而将油驱出。而残余油占据死胡同孔隙及很细的连通喉道，也有少部分的油被水分割成孤立的油滴而被包围。如果油藏为亲油的，水为非润湿相，则首先占据较大的流通性好的孔隙。残余油除了一些停留在小的油流渠道内，其余的则是在大孔道表面形成油膜，薄膜形态的原油具有较高的流动阻力，水很难将油膜从岩石表面驱走。当注入流体为热水时，随着温度的升高，岩石的亲水性逐渐增强，附着于岩石表面的油膜由于润湿性的改变，逐渐从岩石表面剥离下来，随着热水的持续注入而被驱替出来。另外，当岩石的亲水性增强时，毛管压力作为驱油动力，对原油采收率的贡献也是不容忽视的。

3.8　温度对毛管压力的影响

3.8.1　影响毛管压力的主要因素

地层中的流体渗流[18]是一个极其复杂的过程，其流动空间是由许多弯弯曲曲、大小不等、相互曲折通道构成的复杂大孔道。这些孔道可以单独看作是变断面、表面粗糙的毛细管，而岩石储层则可看作是一个多维的、相互连通的毛细管网络。这些毛细管之间相互连通，构成了一个庞大的、多孔多喉的渗流介质。由于毛管是流体渗流的基本空间，因此研究流体在毛管中的特性对于了解储层岩石的渗透性、孔隙度、孔隙结构、岩石润湿性等特征具有重要意义。

毛管压力的主要影响因素包括：

（1）毛细管直径

毛细管直径越小，其毛细作用所产生的负压越大，毛管压力也就越大。

（2）液体表面张力

液体表面张力越大，毛细作用所产生的负压也就越大，毛管压力也相应增大。

（3）液体密度

液体密度越大，液体在毛细管内的重力作用越大，产生的压强也就越大，毛管压力也会增大。

（4）环境温度

环境温度越高，毛细作用所产生的负压越小，毛管压力也会相应减小。

（5）毛细管与液体之间的接触角

液体在毛细管内的润湿性能与毛细管和液体之间的接触角有关，接触角越小，液体在毛细管内的润湿性越好，毛细作用所产生的负压也就越大，毛管压力也增大。

毛细管直径、液体表面张力、液体密度、环境温度以及毛细管与液体之间的接触角都是影响毛管压力的主要因素[19]。在热水驱油的过程中，毛管中的油和水会出现不同的特性。这是因为，毛管直径和表面粗糙度与水和油的接触角密切相关。对于表面能低于水的油，毛管内部油液对于岩石表面的润湿性优于水，即毛管壁上的油液可以在毛管中形成连续相，而水则不能。因此，在油层中，当水和油同时存在时，水通常被排斥在毛管壁上，而油则可以在毛管中形成一层连续相，形成所谓的油相。这种油相的存在使得毛管中的压力出现了不同的分布，即出现了毛管压力，它对于油的渗流起着非常重要的作用。毛管压力可以通过毛细管试验或测井数据处理方法进行测定。

测定的毛管压力曲线（油藏岩石的毛管压力和湿相或非湿相饱和度的关系曲线）是研究岩石孔隙结构及岩石中两相渗流的必要条件，第 3 章分析的储层孔喉大小及分布变化即是通过毛管压力曲线根据式（3-42）计算得来。

$$r = 2\sigma\cos\theta / p_c \tag{3-42}$$

式中　r ——毛管（孔道）半径，cm；

　　　θ ——润湿接触角，（°）；

　　　p_c ——毛管压力，指向非润湿相一方，MPa。

除此之外，毛管压力被广泛应用在石油勘探开发领域，因此通过实验手段获得油藏毛管压力资料有较大的实际意义。

3.8.2 毛管压力变化实验研究

3.8.2.1 实验设备及测定原理

实验设备主要为美国贝克曼仪器公司生产的 L5-50P 高速离心机，见图 3-26。L5-50P 高速离心机具有最高转速达 50000r/min 的高速离心能力，能够快速分离混合物中不同密度的成分，并且拥有高效稳定的温控系统和多种安全保护功能，确保离心过程的安全和稳定性。该离心机还采用了先进的自动平衡技术，可自动检测和调整转子的离心偏差，从而保证离心效果的一致性和可靠性。L5-50P 高速离心机还配备了易于使用的数字显示屏和操作面板，可实现用户对离心参数和运行状态的实时监控和控制，使操作更加简单方便，具有高效、稳定和安全的特点。

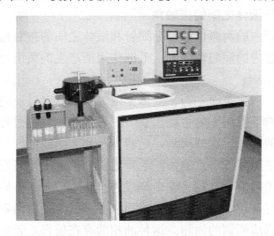

图 3-26　L5-50P 高速离心机

实验按照中华人民共和国石油天然气行业标准 GB/T 29171—2012《岩石毛管压力曲线的测定》中离心法进行。离心法是依靠高速离心机所产生的离心力代替外加的排驱压力，从而达到非湿相驱替湿相的目的。在离心法测定中，将一块饱和湿相液体（水）的岩样装入充满非湿相流体（油）的岩样盒（即离心管）中，把离心管放在离心机上，离心机以一定的角速度旋转，由于两相流体密度不同，即使在旋转半径和角速度相同的条件下，油和水也将产生不同的离心力，这个离心力差值与孔隙介质内流体两相间毛管压力相平衡。在该离心力的作用下，水将被甩离孔隙，而让出的孔隙被油所取代。将离心力以离心压力表示，则油水两相之间所存在的离心压力差，就是非湿相排驱湿相的排驱压力。

通过观察窗和闪光仪可记录下平衡时驱出的水体积，由此可算出该离心力下的饱和度。不同转速下两相流体的离心压力差就等于毛管压力。毛管压力按式（3-43）计算：

$$p_{ci} = 1.097 \times 10^{-9} \Delta \rho L \left(R_e - \frac{L}{2} \right) n^2 \tag{3-43}$$

式中　p_{ci} ——岩样驱替毛管压力，MPa；

　　　　L ——岩样长度，cm；

　　　　R_e ——岩样的外旋转半径，cm；

　　　　$\Delta \rho$ ——两相流体密度差，g/mL；

　　　　n ——离心机转速，r/min。

相应的岩样内平均剩余含水饱和度按式（3-44）计算：

$$\overline{S_w} = \frac{V_{wi} - V_w}{V_{wi}} \times 100\% \tag{3-44}$$

式中　$\overline{S_w}$ ——平均剩余含水饱和度，以百分数表示；

　　　　V_{wi} ——岩样饱和地层水体积，mL；

　　　　V_w ——在某离心机转速下，岩样累积排出地层水体积，mL。

离心法的优点是直接可以得到油-水、油-气、气-水等的毛管压力曲线，并且能够很方便地采用驱替和吸入两种方式来测定毛管压力曲线。

3.8.2.2　试样准备及实验步骤

实验试样为长庆白 153 区关 129-156 井和关 129-157 井地面脱气原油、白 153 区长 6 天然岩芯。实验步骤如下：

① 将现场岩芯按照 GB/T 29172—2012 标准进行清洗后，测量几何尺寸、孔隙度和空气渗透率；

② 将岩芯抽真空，并饱和水，然后放入钢瓶，将钢瓶置于温度为 40℃的烘箱中；

③ 3 天之后取出岩芯，并装入离心机；

④ 启动离心机，使之由低速向高速运转，并记录各恒定转速下气驱水体积，当离心机达到最高转速后，完成一次测试；

⑤ 取出岩芯，再次抽真空、饱和水，并放入钢瓶；

⑥ 将钢瓶放入温度为 60～180℃烘箱中，重复③～⑤。

3.8.2.3　实验结果与分析

不同温度（40～180℃）下毛管压力曲线如图 3-27～图 3-36 所示。

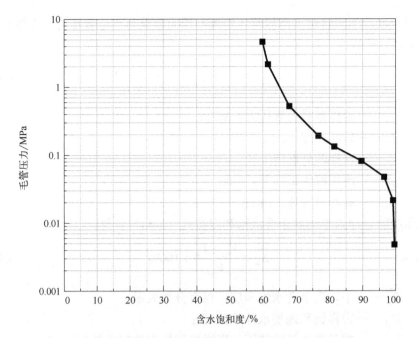

图 3-27　40℃热水作用后的毛管压力曲线

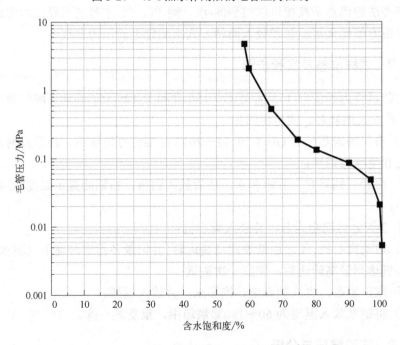

图 3-28　60℃热水作用后的毛管压力曲线

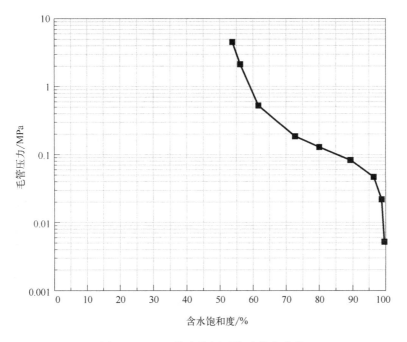

图 3-29　80℃热水作用后的毛管力曲线

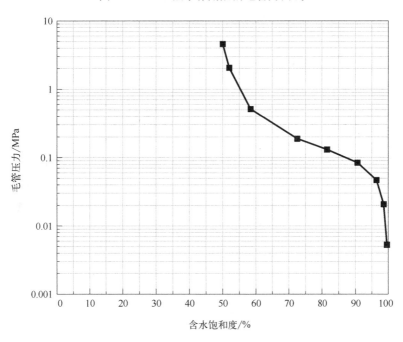

图 3-30　90℃热水作用后的毛管力曲线

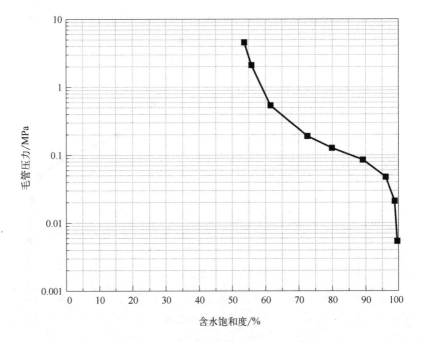

图 3-31 100℃热水作用后的毛管力曲线

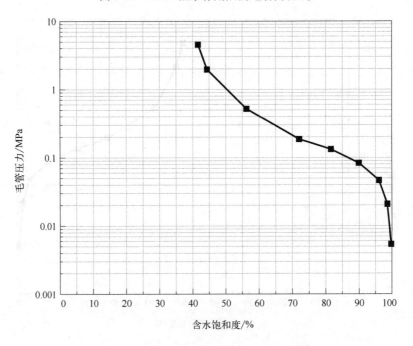

图 3-32 110℃热水作用后的毛管力曲线

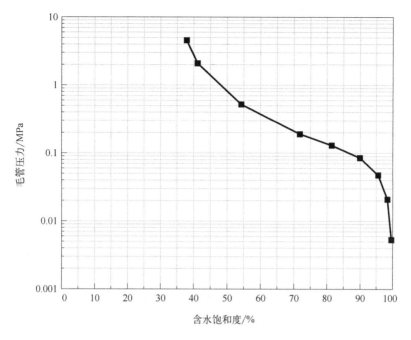

图 3-33　120℃热水作用后的毛管力曲线

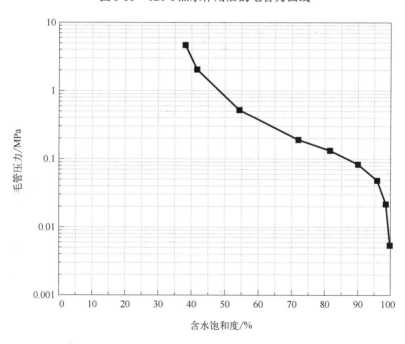

图 3-34　140℃热水作用后的毛管力曲线

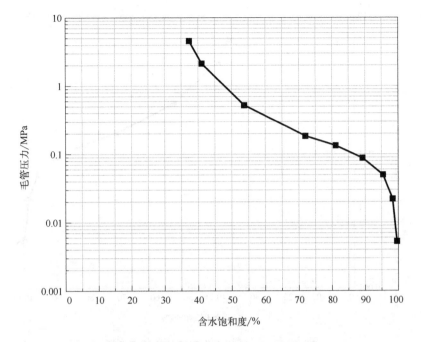

图 3-35　160℃热水作用后的毛管力曲线

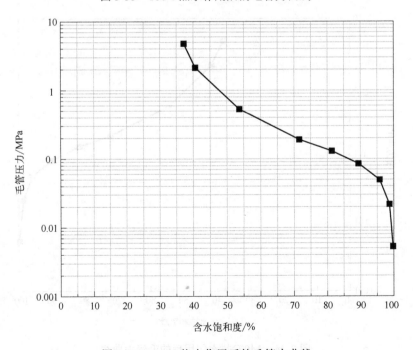

图 3-36　180℃热水作用后的毛管力曲线

毛管压力曲线上，开始的陡段表现为随着压力升高非湿相的饱和度缓慢增加。此时，非湿相饱和度的增加大多是由岩样表面凹凸不平或切开较大孔隙导致的，并不代表非湿相已进入岩芯，有时，只有其中一部分进入岩芯内部，其余部分消耗于填补凹面和切开的大孔隙。毛管曲线中间平缓段是主要的进液段，大部分非湿相在该压力区间进入岩芯，故非湿相饱和度增大很快而相应的毛管压力变化则不太大。曲线中间段的长短，位置的高低对分析岩石的孔隙结构起着重要的作用。毛管压力曲线中间平缓段越长，说明岩石喉道的分布越集中，分选性越好。平缓段位置越靠下，说明岩石孔道半径越大。最后的陡峭段表示随着压力的急剧升高，非湿相进入岩芯的速度越来越慢，直到非湿相完全不能进入岩芯为止。如曲线陡峭段表现为与纵轴平衡，则说明再增加压力，非湿相饱和度也不会变化。

由图 3-37 可以看出，当在 40～120℃ 范围内，随着温度的升高，毛管力曲线向左侧偏移，毛管力曲线中间平缓段延长，且斜率减小，同一含水饱和度对应的毛管力不断降低。曲线中间平缓段的增长及位置的高低变化对分析岩石的孔隙结构起着重要的作用。温度升高，毛管力曲线平缓段增长，说明岩石喉道的分布越趋于集中，分选性变好。其斜率降低，说明岩石孔道半径增大，微观孔隙结构得到一定程度的改善，与"3.5.1 储层孔喉大小及分布的变化"节中得出的结论是一致的。当温度在 120～180℃ 范围内变化时，温升对毛管力影响不明显，各温度下的毛管力曲线几乎重合。可见，在注热水过程中，温度达到 120℃ 以前，热水带来的油藏温升可以起到较好的降低毛管力的作用。

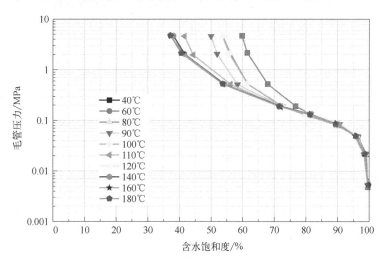

图 3-37　不同温度热水作用后的毛管力曲线

表3-10给出了不同温度下排驱压力和最小湿相饱和度值。要使油气能够顺利通过孔喉进入孔隙空间，需要施加一个初始的力，称为排驱压力（entry pressure）。排驱压力不需要很大，类似于一个人要通过一个关闭的房门进入房间，首先需要开门，这时施加了一个很小的开门的力使门打开，此时人还未进入房间。打开房门时这个施加的力已经消耗掉了，因而这个力与人是否进入房间无关。排驱压力就好比这个开门的力，它的作用是除去了前进的障碍，但油气尚未进入孔隙空间。理论上讲，排驱压力就是指非湿相开始进入岩样最大喉道的压力，也就是非湿相刚开始进入岩样的压力，因此有时又称为阀压、入口压力或门槛压力，其相应于岩样最大喉道半径的毛管压力。

这时，需要确定两个非常重要的参数。第一个是油水界面（oil water contact），因为排驱压力已经除去了油气进入孔隙空间的障碍，油已经与水产生接触，于是有了油水界面。值得注意的是，压力最小的位置是自由水界面（free water level），紧随排驱压力之后原油开始进入孔隙时的位置是油水界面。随着施加的压力增加，原油开始进入孔隙空间，驱替出部分孔隙内的原生水，使含水饱和度降低，直至达到束缚水饱和度（无法进一步驱替）。原油进入孔隙后，与地层水形成清晰的界面，存在界面张力。这时，在孔隙空间存在三种主要的力，岩石表面与地层水（润湿相）之间的黏附力，地层水之间的黏滞力，油水之间的界面张力。这些力在孔隙空间最终达到平衡态（equilibrium）。

表 3-10　不同温度热水作用后的毛管力曲线特征参数

温度/℃	特征参数		温度/℃	特征参数	
	排驱压力/MPa	最小湿相饱和度/%		排驱压力/MPa	最小湿相饱和度/%
40	0.0438	59.97	110	0.0386	41.50
60	0.0435	58.17	120	0.0374	38.07
80	0.0412	53.74	140	0.0372	37.85
90	0.0404	50.10	160	0.0365	37.43
100	0.0393	45.49	180	0.0365	37.21

将毛管压力曲线中间平缓段延长至非湿相饱和度为 0（或湿相饱和度为 100%）时与纵坐标相交，其交点所对应的压力即为排驱压力。排驱压力是评价岩石储集性能好坏的主要参数之一，由排驱压力的大小，可评价岩石性能，特别是渗透性的好坏。凡岩石渗透性好，排驱压力均比较低，反之如排驱压力大，则反映岩石物性较差。由表中可以看出，随着温度的升高，排驱压力逐渐降低，

说明岩石的渗透性变好。

最小湿相饱和度是另外一个评价岩石储层物性好坏的参数，指的是在最高注入压力下未被侵入的孔隙体积百分数。对亲水岩石，最小湿相饱和度即是束缚水饱和度；对亲油岩石，最小湿相饱和度即代表残余油饱和度。最小湿相饱和度代表了仪器最高压力下所对应的孔喉半径（包括比它更小的孔喉）及其所连通或控制的孔隙体积占整个岩样孔隙体积的百分数，该数值越大，表示这种小孔喉越多。最小湿相饱和度实际上是反映岩石孔隙结构及渗透率的一个指标，岩石物性越好，最小湿相饱和度越低。

由表 3-10 还可以看出，由于岩芯渗透率超低，导致最小湿相饱和度较高，即使温度达到 90℃，最小湿相饱和度仍大于 50%。但从趋势变化来看，随着温度的升高，最小湿相饱和度不断减小，当温度达到 180℃时，其值降低到 37.21%。说明岩石孔隙结构和渗透能力随着温度的升高得到一定程度的改善。实验结果还表明，最小湿相饱和度在温度升高到 160℃时恒定，温度再升高到 180℃，其值未有明显变化。

最小湿相饱和度和排驱压力的减小（如图 3-38 所示），表明在热水驱过程中，随着注入热水的持续侵入，油藏温度逐渐升高，岩芯的孔隙结构和渗流能力得到改善，岩石物性变好，这是注热水提高原油采收率的一个重要机理。

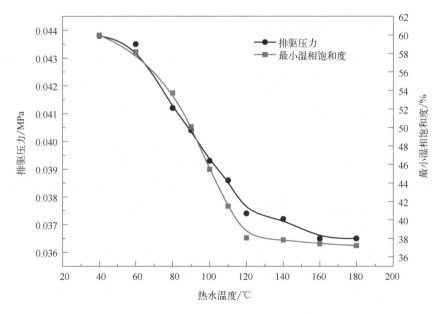

图 3-38 热水温度对排驱压力和最小湿相饱和度的影响

3.9 温度对原油/地层水体系界面张力的影响

3.9.1 影响界面张力的主要因素

除了各流体间如油-水、气-水、油-气的界面外，油气层中还存在着流体和岩石各个界面的界面张力。界面张力[20]是由于界面两侧分子间的作用力不平衡而产生的表面张力，是一种能量。在油气层中，界面张力的大小取决于流体的种类、温度和压力等因素，其值通常在 0.01～0.1N/m 之间。然而，由于固体表面张力很难测定，这里只讨论油层中流体的界面张力。油层中流体的界面张力直接影响到油层中流体在岩石表面的分布、孔隙中毛管力的大小和方向，因而也直接影响流体在岩石中的渗流。对于岩石和流体的接触面，其接触角大小也是受界面张力影响的，因为表面张力越小，接触角越小，界面张力越大。因此，界面张力的大小对于流体在油气储层中的分布和流动规律具有重要的影响。开展温度对油-水界面张力的实验对研究热水驱提高超低渗透油藏原油采收率机理有着极其重要的意义。

3.9.2 原油/地层水体系界面张力变化实验研究

3.9.2.1 实验设备及测定原理

主要实验设备及仪器为：法国泰克利斯（TECLIS）表/界面张力测量仪（图 3-39）、高温恒温箱、石英槽、接样器、密度仪（温度精度为 ±1.0℃）、微量注射器（0.01mL、1mL）。法国泰克利斯（TECLIS）表/界面张力测量仪是一种高精度的仪器，主要用于测量液体和固体之间的表面张力和液体之间的界面张力。它的工作原理基于 Wilhelmy 平衡法和 Du Nouy 环法[21]。

在 Wilhelmy 平衡法中，被测试的固体样品被浸入待测液体中，形成一个液体-固体界面。根据 Laplace 方程，液体-固体界面的表面张力可以通过测量液体表面的几何变化来计算。该仪器采用高精度天平来测量这种几何变化，并根据 Washburn 方程计算出表面张力。

在 Du Nouy 环法中，被测试的液体样品被包围在一个细小的环上，形成液体-液体界面。当环被拉出液面时，液面会在环的边缘形成一个微小的凸起，这是由于表面张力的作用。该仪器采用一个扭簧来测量这个凸起的大小，从而计算出液体之间的界面张力。

TECLIS 表/界面张力测量仪具有高精度、高可靠性、易于操作等优点，可广泛应用于化学、材料科学、生物科学、地质学等领域。在石油勘探和生产中，它常用于测量油水界面张力、油岩界面张力等参数。

图 3-39　TECLIS 表/界面张力测量仪

实验按照标准中华人民共和国石油天然气行业标准 SY/T 5370—2018《表面及界面张力测定方法》中悬滴法进行。悬滴法原理是在预定的温度条件下，置于注射器中的物质在重力和界面张力作用下形成液滴，界面张力试图把液滴向上拉，而重力方向则使液滴脱落，其示意图见图 3-40。

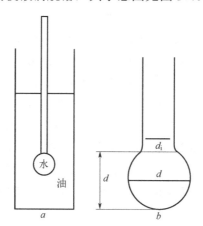

图 3-40　悬滴法测定界面张力示意图

界面张力的大小与脱落时的液滴形状成一定比例关系，通过光学系统摄影记录下液滴形状，作图测量出液滴最大直径 d 及距离液滴顶端为 d 处的直径 d_i，按式（3-45）即可计算出两种物质（油、水）间的界面张力值。

$$\sigma = \frac{\Delta \rho g d^2}{H} \tag{3-45}$$

式中　σ——表（界）面张力，mN/m；

　　　g——重力加速度，980cm/s^2；

　　　$\Delta \rho$——两相待测物质的密度差，g/cm^3；

　　　H——与仪器系统有关的常数，本实验中，它是 d、d_i 的函数，可在有关表中查得。

悬滴法适用于不互溶的液-液或液-气两相间界面张力测定。其有效测量范围为 $10^{-1} \sim 10^2$mN/m。

3.9.2.2　试样准备及实验步骤

实验试样为长庆油田低渗透区块地面脱气原油、天然岩芯。实验用水为模拟地层水，总矿化度为 113180mg/L，具体离子组成见表 3-11。

表 3-11　模拟地层水离子组成　　　　　　　　　　　　　　单位：mg/L

K$^+$＋Na$^+$	Ca^{2+}	Mg^{2+}	Ba^{2+}	Cl$^-$	HCO$_3^-$	CO$_3^{2-}$	水型
34621	6245	79	—	67113	—	—	CaCl$_2$

具体实验步骤如下所述：

①　将待测试样分别装入注射器和石英槽内，石英槽中的待测试样必须透明，若石英槽中的试样密度大于注射器中的试样，应使用"U"形针头。

②　将装好试样的石英槽和注射器分别置于空气恒温浴内。

③　接通电缆调节控温器上的指针设定实验温度。

④　调节光源位置、亮度及摄影记录仪的焦距，使液滴图像边缘清晰。

⑤　将装好试样的石英槽和注射器（吸入测试液体量 1～5mL，黏稠体或固体样品置于烧杯中加温降黏或熔融后吸入）置于空气恒温浴中，针头必须保持垂直。一般液体恒温时间为 30min，黏稠体及熔融体恒温时间为 30～60min。

⑥　启动微型电动机，使注射器中的试样在注射器针端形成液滴。

⑦　当液滴接近最大直径时，按动快门，记录液滴图像。

⑧　图像处理。

3.9.2.3　实验结果与分析

在来油油样筒的中部和底部提取测试油样，分别测定两个油样在不同温度（70℃、100℃、150℃、200℃）条件下的油水表（界）面张力。

温度为 70℃时,油水界面张力测定结果如图 3-41 和图 3-42 所示。原油 70℃下的界面张力变化情况表明,随着时间的推移,两种油样的界面张力均呈现出先下降后稳定的趋势。以油样 1 为例,最开始的界面张力为 23.48mN/m,随着时间的推移一直下降,最低点在 900s 时达到 20.67mN/m,之后逐渐上升并在后续的时间段内保持相对稳定,最终稳定在 20.45mN/m 左右。数据的变化趋势可能是由温度的变化引起的,界面活性物质在高温下可能会发生分解、脱附等反应,从而导致界面张力发生变化。

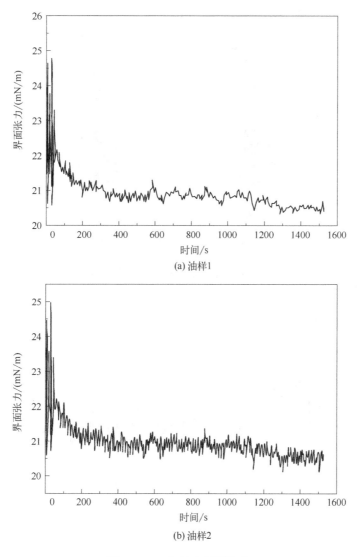

(a) 油样1

(b) 油样2

图 3-41　70℃油水界面张力

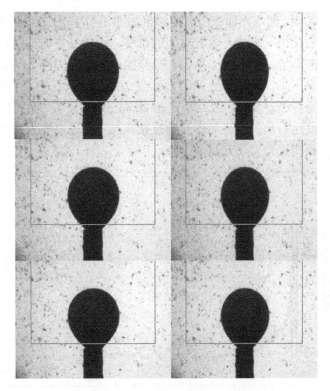

图 3-42　不同时刻拍摄的液滴照片（油样 1）

温度为 100℃时，油水界面张力测定结果如图 3-43 和图 3-44 所示。

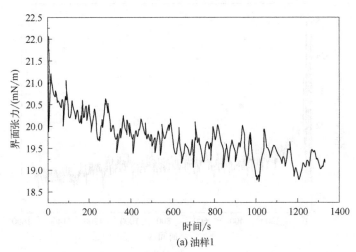

(a) 油样1

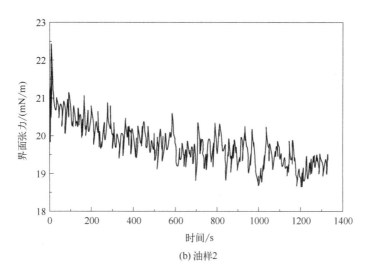

(b) 油样2

图 3-43　100℃油水界面张力

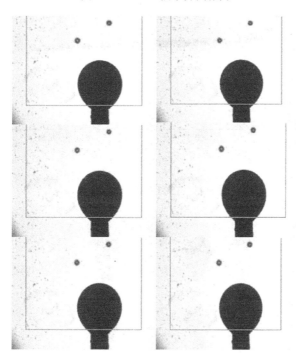

图 3-44　不同时刻拍摄的液滴照片（油样 1）

温度为 150℃时，油水界面张力测定结果如图 3-45 和图 3-46 所示。

温度为 200℃时，油水界面张力测定结果如图 3-47 和图 3-48 所示。

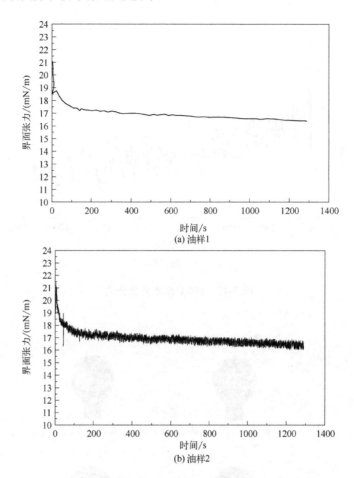

图 3-45　150℃油水界面张力

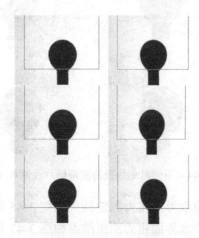

图 3-46　不同时刻拍摄的液滴照片（油样 1）

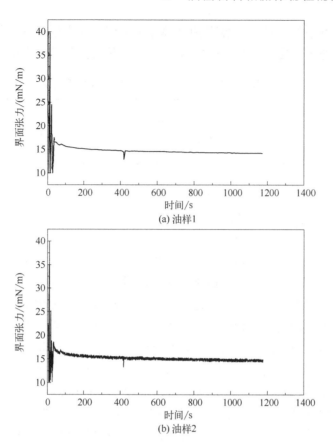

(a) 油样1

(b) 油样2

图 3-47   200℃油水界面张力

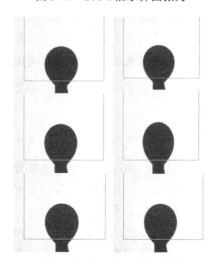

图 3-48   不同时刻拍摄的液滴照片（油样 1）

不同温度条件下模拟水溶液/原油体系界面张力测定结果见表 3-12。由表中可以看出：随着温度的升高，模拟水溶液/原油体系的界面张力逐渐下降。

表 3-12　模拟水溶液/原油体系界面张力平均值

温度/℃	70	100	150	200
油样 1 界面张力/（mN/m）	20.453	19.481	16.198	14.365
油样 2 界面张力/（mN/m）	20.512	19.578	16.231	14.420

由图 3-41～图 3-48 表明，油样 1 的测试曲线比油样 2 的要平滑，油样 1 的界面张力略小于油样 2 的测试值，分析认为，在不同垂向高度取出的油样，其组分有略微差别，在下部取出的油样 2 的重质组分稍多于在上部取出的油样 1 的重质组分。原油的组成不同（如油中轻烃的含量、密度、黏度等），则原油、地层水之间的分子力场不同，最终导致油-水界面张力不同。

除了物质本身的性质和相态之外，物质所处温度和压力的变化也将影响到表面张力，这是因为温度和压力直接影响到分子间的距离，也就影响到分子间的吸引力。对于不含溶解气的原油、水等纯液体，温度升高时，一方面增大了液体本身分子间的距离（热膨胀），减少了分子间的引力；另一方面增加了液体的蒸发，使液体与蒸汽间分子的力场差异变小，从而降低了表面张力。而压力的增加将使原油（不含气）和水同时受到压缩，由于油水的分子热力学性质比较相似，一般认为，压力对油、水分子间的力场的影响不大，从而使其对界面张力的影响没有温度那样显著。热水驱过程中，由于注入的高温热水使油藏整体温度升高，导致原油和地层水的界面张力降低，从而提高了原油的采收率。

除了温度、压力外，油水界面张力的影响因素还有很多，通常只能通过测试得到。如地层水的矿化度、金属离子、非金属离子的含量等均会影响油水界面张力的大小。

小结

在低渗透油藏热水驱过程中，注入热水对原油驱替产生有效作用的能量是综合的。随着大量高温热水的注入，打破了地层中原有的平衡体系，注入地层的热水使原有的储集层和流体发生了多种变化，因此，热水驱的机理即是能够对热水驱替过程产生有利影响的各种热效应的综合作用结果。为了下一步顺利开展超低渗透油藏热水驱机理研究，本章在上一章测定的岩石和流体热物性参数的基础上，通过理论分析和实验测定，探讨了低渗透油藏热水驱过程中注入热水对油藏岩石和流体主要物性的热效应，主要包括岩石孔隙度、岩石渗透率、原油密度、原油黏度、储层微观孔隙结构的变化，以及注热水条件下的原油蒸馏情况。主要得出以下几点结论：

① 孔隙度降低率随温度的升高而增大，说明温度越高，对储层伤害的程度越明显。对于长庆低渗透油藏岩芯，尽管温度升高对岩石孔隙度存在一定影响，但是在热水驱温度范围内，这种影响相对较小。热水驱过程中孔隙度降低率不超过 8%。

② 随着温度的升高，岩石渗透率逐渐增大，在初始阶段温度升幅缓慢时，渗透率增幅较小，当升高到门槛温度值后，岩石渗透率升高的速率大幅增加。在热水驱过程中温度达不到门槛温度值，岩石的主要变化是吸附水和层间水的变化。压力越大，门槛值温度越低。

③ 随着温度的增加，由于加热使原油发生热膨胀，从而使原油密度减小。

④ 随着温度的升高，原油黏度逐渐降低，表现出对温度的强敏感性。在 40 ~ 120℃ 温度范围内，黏度随温升的降低幅度较大；当温度高于 120℃ 后，原油黏度降低幅度较小。

⑤ 在高温作用下，微喉道数量减小，大孔喉数量增多，岩芯的微观孔隙结构得到一定程度的改善。

⑥ 注热水会使黏土矿物发生一定程度的溶解，致使储集层孔隙度变大，胶结疏松。热水在储集层中流动时，会使岩石孔隙中的松散物运移，在孔道中形成堆积而堵塞孔道，影响岩石的渗透性。

⑦ 在 100℃ 常压下，不含水的纯油体系蒸馏产生的组分主要由 $C_6 \sim C_9$ 的烃类组分构成，占比约为 66%。而在含水体系中，馏出物组分的波峰比较缓，主要由 $C_6 \sim C_{14}$ 的烃类组分构成。同时，经过 24h 的蒸馏，纯油体系几乎没有明显的馏出物冷凝析出，而油/水混合体系在此条件下也未能产生任何蒸馏组分，其原因在于未达到沸腾条件。另外，在地层压力下进行的原油/水混合体系蒸馏实验中，40 ~ 120℃ 的温度范围内未收集到任何蒸馏组分，这反映了温度和压力对蒸馏效果有着明显的影响。

⑧ 随着温度升高，原油-岩石的润湿性呈逐渐改善的趋势，表现为润湿角逐渐减小，岩芯的亲水性逐渐增强。

⑨ 随着温度升高，毛管力曲线中间平缓段增长，斜率降低，以及同一含水饱和度下毛管力不断降低；排驱压力逐渐降低，说明岩石的渗透性变好；最小湿相饱和度随着温度升高而减小，说明岩石物性变好。这些变化表明，在注热水过程中，随着温度的升高，岩石孔隙结构和渗透能力得到一定程度的改善，有利于提高原油采收率。

⑩ 随着时间的推移，不同油样的界面张力均呈现出先下降后稳定的趋势。

总之，由高温引起的岩石孔隙度与液体密度的变化对原油采收率影响较小，而岩石渗透率的增加和原油黏度的降低是有利于提高原油采收率的。注热水引起的储层伤害可以通过黏土防膨处理等技术措施予以控制。总体来看，在低渗透油藏开展热水驱技术是可行的。

参考文献

[1] 岳清山，李平科. 对蒸汽驱几个问题的探讨［J］. 特种油气藏，1997（2）：10-13.

[2] 陈月明. 注蒸汽热力采油［M］. 东营：中国石油大学出版社，1996.

[3] 刘文章. 稠油注蒸汽热采工程［M］. 北京：石油工业出版社，1997.

[4] 庞占喜，程林松，李春兰. 热力泡沫复合驱提高稠油采收率研究［J］. 西南石油大学学报：自然科学版，2007，29（6）：4.

[5] 赵春森，周志军，闫文华，等. 油层物理［M］. 北京：石油工业出版社，2016.

[6] 祝海华，张廷山，钟大康，等. 致密砂岩储集层的二元孔隙结构特征［J］. 石油勘探与开发，2019，46（6）：9.

[7] 张涛，张希巍. 页岩孔隙定性与定量方法的对比研究［J］. 天然气勘探与开发，2017，40（4）：34-43.

[8] 张方礼，刘其成，刘宝良. 稠油开发实验技术与应用［M］. 北京：石油工业出版社，2007.

[9] Chibiryaev. Transformation of petroleum asphaltenes in supercritical alcohols—A tool to change H/C ratio and remove S and N atoms from refined products［J］. Catalysis Today，2019.

[10] 王炫苏. 关于石油地质勘探与储层评价方法探讨［J］. 中国石油和化工标准与质量，2019，39（13）：3-4.

[11] 张文，高阳，梁利喜，等. 砾岩油藏岩石力学特征及其对压裂改造的影响［J］. 断块油气田，2021，28（4）：541-545.

[12] 梁冰，高红梅，兰永伟. 岩石渗透率与温度关系的理论分析和试验研究［J］. 岩石力学与工程学报，2005，24（12）：2009-2012.

[13] 云美厚，管志宁. 油藏注水开发对储层岩石速度和密度的影响［J］. 石油地球物理勘探，2002，37（3）：280-286.

[14] 张轩豪，方志刚，唐安达，等. 较高黏度垂直油气两相流实验及压降研究［J］. 中国科技论文，2020，15（7）：755-760.

[15] 王伟，高峰，康胜松，等. 延长油田志定区块致密油储层孔喉及流体动用性特征［J］. 中国石油大学胜利学院学报，2020，34（1）：29-32.

[16] Ado M R. Simulation study on the effect of reservoir bottom water on the performance of the THAI in-situ combustion technology for heavy oil/tar sand upgrading and recovery［J］. SN Applied Sciences，2020，2（1）：29.

[17] Al-Muntaser A A，Varfolomeev M A，Suwaid M A，et al. Hydrothermal upgrading of heavy oil in the presence of water at sub-critical, near-critical and supercritical conditions［J］. Journal of Petroleum

Science and Engineering，2020，184：106592.

［18］Toteff J，Asuaje M，Noguera R．New design and optimization of a jet pump to boost heavy oil production ［J］. Computation，2022，10（1）：11.

［19］Hosseinpour M，Hajialirezaei A H，Soltani M，et al. Thermodynamic analysis of in-situ hydrogen from hot compressed water for heavy oil upgrading ［J］. International Journal of Hydrogen Energy，2019，44（51）：27671-27684.

［20］杨森，舒政，闫婷婷，等．超低界面张力强乳化复合驱油体系在低渗透油藏中的应用 ［J］. 断块油气田，2021，28（4）：561-565.

［21］Volpe C D，Siboni S．The Wilhelmy method：a critical and practical review ［J］. Surface Innovations，2018，6（3）：120-132.

4

低渗透油藏热水驱油物理
模拟实验研究

热水驱基本上是一种热水和冷水非混相驱替原油的过程，其主要作用表现在降低原油黏度、改善流度比和相对渗透率等方面[1]。上一章论述了注热水对油藏和流体产生的热效应，由此可知，温度升高一般会使原油黏度降低，在这种情况下，贝克莱-列维勒理论清楚地表明，即使在含油饱和度和相对渗透率没有改变的条件下，温度升高也能引起水的前沿推进速度降低，提高水突破时油田的采收率。温度升高使残余油饱和度显著降低，同时也会使相对渗透率向有利的方向改变[2-4]。

超低渗透油藏由于孔隙结构比较复杂，储层物性相对较差，平面非均质性和纵向非均质性较为严重，因此利用常规水驱进行开采的最终采收率较低，开发效果差[5-6]。通过以上几章的实验与讨论，认为针对超低渗透油藏而言，热水驱是提高原油采收率的重要方法之一。但是针对超低渗透油藏热水驱的理论和实验研究较少，以上几章已通过实验手段着重论述了超低渗透油藏热水驱提高原油采收率的机理。但是在注热水驱替的过程中，外来的流体（热水）由于含有较高的热量，温度和压力的变化必然会引起诸如岩石孔隙结构、润湿性、束缚水饱和度、残余油饱和度等参数及性质的变化[7-9]。我们虽然单独分析了其中某项参数或者性质随着注热水带来的温度和压力的改变而表现出的趋势，但是在热水驱过程中，需要综合评价这些参数变化带来的影响，即对采收率的影响。这些参数及性质的改变是否有利于提高原油采收率、其影响程度如何、是否占据主导地位，都需要通过驱油实验来综合评价。此外，对于热采而言，在注热流体过程中，垂向的热损失是需要考虑的一个重要因素。一些文献探讨了在注热流体过程中研究热效率的方法[10-12]。

本章针对超低渗透油藏的地质特征，设计了不同温度的热水驱油实验，并将实验结果与常规水驱进行对比，分析了注入不同 PV 数对热水驱驱油效率的影响，并且开展了注热水过程中的温度分布和热效率研究。

4.1 低渗透岩芯热水驱油实验

4.1.1 实验材料与方法

实验用油和地层水取自长庆油田超低渗透区块，其中原油 80℃实测黏度为 4.3mPa·s，实验用水为地层水，实验用岩芯为长庆油田超低渗透岩芯。将氯仿和甲烷按一定比例配制成岩芯洗液，岩芯用配好的洗液进行洗油，直至确认岩芯已经清洗干净，再将岩芯取出并置于烘箱中烘干至恒重。接着，测定岩芯的气测渗透率、干重、长度及直径等基础数据，再将其置于地层水中抽真空饱和水、称湿重，计算岩芯的孔隙体积，岩芯基础数据如表 4-1 所示。

表 4-1 岩芯基础数据

岩芯编号	长度/cm	直径/cm	孔隙度/%	气测渗透率/$\times 10^{-3} \mu m^2$
10	6.05	2.52	10.32	0.27
11	6.18	2.53	9.66	0.14

主要的实验设备有：恒温鼓风干燥箱、ISCO 型恒压恒速泵、SHZ-DC（Ⅲ）真空泵、中间容器、岩芯夹持器、回压阀、电子天平等。实验流程图如图 4-1 所示。

实验前进行仪器检查，确保误差在允许范围内，清洗管线以确保畅通无堵塞，实验装置安装完毕后加压 10MPa，5h 压降不高于 5%视为系统密封性良好，而后进行实验。具体实验步骤如下：

① 连接设备，将泵的流速调整为 0.2mL/min，在实验温度下用地层水再次饱和岩芯直至压力稳定；

② 在室温下以恒定的速度 0.1mL/min 进行饱和原油流程，直至岩芯出口端无水产出且进出口端的压差保持稳定，精确计量出口端的产水量，以建立束缚水饱和度和原始含油饱和度。在室温条件下老化 3 天，以模拟岩芯的原始润湿性；

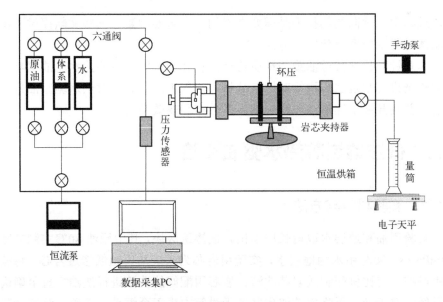

图 4-1　热水驱油实验流程图

③ 清洗管线里的原油，以消除误差，接好流程，在油藏温度 70℃条件下进行常规注水，保持注入水的温度为室温，直至出口端不产油时结束，计算常规水驱驱油效率；

④ 重复步骤②、③，用原油重新饱和岩芯，建立原始含油饱和度；

⑤ 清洗管线，重新接好流程，在油藏温度70℃条件下进行热水驱，注入水的温度为70℃，直至出口端不产油时结束，计算70℃热水驱驱油效率；

⑥ 调整烘箱温度，以改变热水驱的温度，恒温4h，确保岩芯温度达到设定温度，重复步骤④、⑤，分别测定80℃、90℃、100℃、110℃、120℃热水驱的驱油效率；

⑦ 清洗管线，整理并分析实验数据；

⑧ 实验结束。

4.1.2　实验结果与分析

实验用 10 号岩芯分别测定了常规水驱（室温 23℃）、70℃、80℃、90℃、100℃、110℃、120℃温度条件下水驱的驱油效率，实验结果见表 4-2 和图 4-2。

表 4-2　不同温度热水驱的驱油效率

实验温度/℃	23	70	80	90	100	110	120
驱油效率/%	38.7	42.31	46.37	48.46	49.23	49.31	49.33

由表4-2和图4-2可以看出：常规水驱驱油效率为38.7%，而70～120℃热水驱驱油效率在42.31%～49.33%之间，随着注入热水温度升高，驱油效率逐渐增加，在100℃时达到49.23%，当温度进一步升高到110℃和120℃时，热水驱驱油效率增幅不明显。

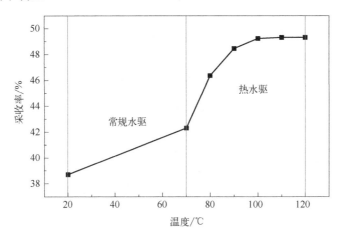

图4-2 不同温度热水驱驱油效率与常规水驱驱油效率

图 4-3 给出了不同温度条件下热水驱驱油效率比常规水驱驱油效率的增加值，以及 80～120℃热水驱驱油效率比 70℃热水驱驱油效率的提高值。

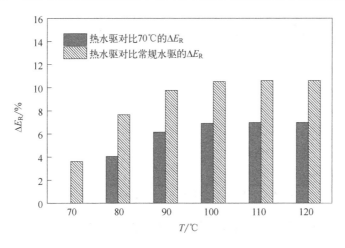

图 4-3 不同温度热水驱驱油效率增加值

从图4-3中可以看出，当温度低于100℃时，随着注入热水温度的升高，驱油效率增幅明显；温度为100℃的热水驱驱油效率对比常规水驱，提高了10.53%；温度高于100℃后，提高注入水温度对驱油效率的提升不再有明显的影响。实验结果表明，适合白153超低渗透油田的注入热水温度为90～110℃，在此温度区间内热水驱驱油效率提高明显，再升高热水温度，既无益于提高驱油效率，又徒然浪费能量。

由以上分析可知，相对于常规水驱而言，热水驱能够明显地提高采收率。根据前几章的研究结论，可以认为其主要原因是：

① 随着温度的升高，原油的黏度降低，流动能力增强，从而使残余油饱和度降低，水驱效率增加；

② 随着温度的升高，部分吸附在岩石表面的油在高温下解附脱落，使岩石的亲水性增强，润湿性的改变有利于水驱油，从而使驱油效率增加。但是当温度升高到一定值时，岩石骨架膨胀趋于严重，对水驱油又表现出不利的一面，当不利因素起主导作用时，采收率不再明显增加。

另外，选用超低渗透 11 号岩芯开展了注入 PV 数对热水驱驱油效率的影响实验，驱替过程注入速度为 0.1mL/min，实验温度为 100℃，实验结果如图 4-4 所示。

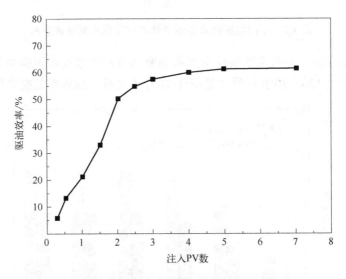

图 4-4　不同岩芯注入 PV 数对驱油效率的影响

从图 4-4 可以看出：随着注入 PV 数的增加，岩芯的热水驱驱油效率呈上升趋势。当注入 PV 数小于 2PV 时，随着注入 PV 数的增加，驱油效率迅速增加。由于此时岩芯含油饱和度高，油相相对渗透率大，因此，驱油效率随注入 PV 数的增加而显著提高。当累积注入 PV 数超过 3PV 后，继续增加注入 PV 数，驱油效率增幅较小，曲线趋于平缓。这是由于经过长期注水后，岩芯已处于高含水状态，岩石中的原油除了少量能继续被水驱出外，其余由于毛管力等作用而被捕集，难以被水驱出。

4.2 油藏及原油性质对热水驱的影响实验

热水驱是热力采油方法之一，根据稠油热采的经验，岩石与油藏流体的物性参数对最终热采采收率有着较大的影响。由于在超低渗透油藏开展规模热水驱鲜见报道，因此，使用不同黏度的原油和不同渗透率的岩芯开展热水驱实验研究是很有必要的。得出的实验结论将对确定油藏是否适合热水驱，以及指导现场热水驱实验具有一定的参考价值和借鉴意义。

4.2.1 原油黏度对热水驱驱油效率的影响

实验用油为四种配制的不同黏度的模拟油，常温下的初始黏度分别为11.7mPa·s（模拟油1）、45.7mPa·s（模拟油2）、94.7mPa·s（模拟油3）、201.7mPa·s（模拟油4）。每种模拟油黏度随温度的变化曲线见图4-5。

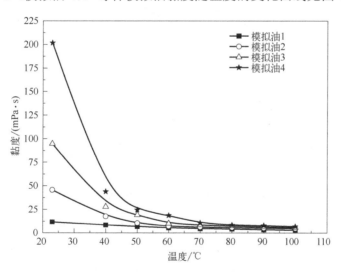

图4-5　不同模拟油黏度-温度曲线

由图4-5可以看出，随着温度的增加，原油黏度下降。初始黏度高的原油，如模拟油2、模拟油3和模拟油4，黏度下降幅度较大，而初始黏度较低的模拟油1，虽然随着温度的增加，黏度也有所下降，但降幅相对小得多。

实验用水为长庆白153区块的注入水，岩芯为白153油藏天然岩芯，岩芯基本数据见表4-3。

表 4-3　岩芯基础参数

岩芯编号	长度/cm	直径/cm	孔隙度/%	气测渗透率/×10⁻³μm²
12	8.0	2.5	11.57	0.24
13	5.71	2.5	8.74	0.28
14	8.21	2.5	10.53	0.21
15	6.2	2.5	10.56	0.30

分别将 12 号岩芯、13 号岩芯、14 号岩芯、15 号岩芯用模拟油 4、模拟油 3、模拟油 2 和模拟油 1 饱和后，开展不同温度条件下热水驱实验，并与白 153 原油的热水驱（10 号岩芯热水驱实验）结果进行对比，实验结果见图 4-6。

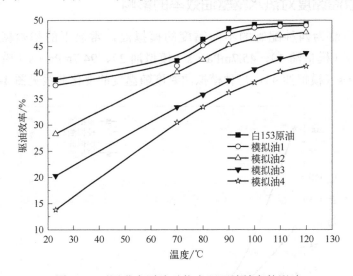

图 4-6　不同黏度原油对热水驱驱油效率的影响

从图 4-6 可以看出，对不同黏度的原油饱和的超低渗透油藏岩芯，随着热水温度的增加，均可以提高驱油效率。但原油黏度越高，热水驱驱油效率越低。根据 Buckley-Leverett 驱替理论，原油黏度越高，驱替相与被驱替相的流度比越大，越不利于驱替前缘的稳定，因此降低了驱油效率。而原油黏度越低，热水驱时油水两相黏度越接近，流度比越接近于 1，注入的热水也就越能驱替出更多的原油。而长庆原油为轻质低黏原油，适合进行热水驱开采。

4.2.2　不同渗透率热水驱驱油效率分析

实验选用 4 种不同渗透率范围的岩芯：0.1×10⁻³～1×10⁻³μm²、1×10⁻³～10×10⁻³μm²、10×10⁻³～100×10⁻³μm²、100×10⁻³～500×10⁻³μm²，岩芯的基础参数

见表 4-4。

表 4-4 不同渗透率的岩芯基础参数

岩芯编号	长度/cm	直径/cm	孔隙/%	气测渗透率/×10⁻³μm²
16	6.11	2.53	34	6.8
17	6.05	2.43	36	30.0
18	6.20	2.44	40	91
19	6.18	2.53	45	356

实验用原油为长庆白 153 原油，实验岩芯为人造岩芯，实验用水为长庆白 153 注入水，将岩芯分别用长庆白 153 原油饱和后，再开展不同温度的热水驱驱油实验，并将实验结果与 10 号岩芯热水驱实验结果进行对比，如图 4-7 所示。

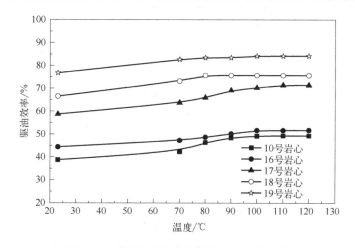

图 4-7 不同渗透率岩芯的热水驱驱油效率

从图 4-7 可以看出，在流体性质不变的条件下，随着岩芯渗透率的增加，热水驱的驱油效率均有所增加，说明热水对不同渗透率岩芯原油的驱替都有积极的作用；低渗透 10 号岩芯热水驱的合适温度为 90～110℃，16 号岩芯的合适注热水温度为 90～100℃，17 号岩芯的合适注热水温度为 100～110℃，高渗透18 号岩芯和 19 号岩芯的合适注热水温度为 80℃。可以看出，渗透率的增加使流体在孔隙中的流动能力增强，必然导致驱油效率的增加。对于高渗透岩芯，只需较低的温度就可以获得最佳的驱油效率，即使再增加热水温度，注入热能也不能得到充分利用，驱油效率增加十分有限。因此，对于渗透率高、低黏度轻质油藏，没有必要进行热水驱。对于白 153 油藏，热水驱能获得较好的效果，最佳的注热水温度为 90～110℃。

4.2.3 热水驱过程中启动压力梯度的变化

流体在多孔介质中渗流时往往因伴随一些物理化学作用而对渗流规律产生很大影响。油、水在油藏中渗流时除了黏滞阻力外,还有另一个附加阻力即油与岩石的吸附阻力或水化膜的吸引阻力,只有当驱动压力克服这种附加阻力后,流体才能流动,这就是启动压力现象。启动压力的存在使渗透率变小,尤其在低速渗流条件下这种影响更加明显。在油藏实际开发过程中,油、水渗流时的启动压力现象普遍存在,低渗透油藏开发过程中启动压力现象表现得更为突出。启动压力的存在造成油、水井中部分超低渗透层动用较差,极端情况下甚至出现了油层完全不能动用的情况。

通过对孔隙结构等方面的研究,我们认识到低渗透油藏启动压力梯度是储层微观孔隙结构、巨大的比表面引起的液固作用、流体黏滞性的综合体现。启动压力梯度是渗流非线性程度的表征,是储层渗流能力的表征参数。启动压力梯度越大,渗流非线性越强,储层渗流能力越低。启动压力梯度是评价储层渗流能力的重要参数之一。

目前针对低渗透油藏的启动压力梯度研究已经开展过很多,但主要集中在普通低渗透油藏启动压力梯度与渗透率之间的关系[13-18]。而对于超低渗透油藏的启动压力梯度研究则较少,而注热水引起的超低渗透油藏温度的变化是否对启动压力梯度产生影响,也值得深入研究。

4.2.3.1 实验设备及测定原理

实验用岩芯和地层水均取自长庆油田超低渗透区块,主要实验设备有恒温鼓风干燥箱、电子天平、SHZ-DC(Ⅲ)真空泵、ISCO型恒压恒速泵、岩芯夹持器等。

常见的求解启动压力梯度的室内物理方法主要有 3 种:模拟方法、数值实验方法和试井分析方法[19]。许建红等[20]根据对低渗透油藏压差-流速关系曲线的拟合,发现压差和流速之间存在非线性关系,多项式(二阶)拟合的相关系数在 0.99 以上。令驱动压力梯度为 ∇P(取其绝对值正值),v 为渗流速度,G 为启动压力梯度,可以得到驱动压力梯度与渗流速度的关系式为:

$$\begin{cases} v = a\nabla P^2 + b\nabla P + c, \nabla P \geqslant G \\ v = 0, \nabla P < G \end{cases} \tag{4-1}$$

式中 a,b,c——二项式系数,即切线因子,与流度 $\dfrac{K}{\mu}$ 有关。

可通过实验求得，亦可通过经验公式求取。考虑启动压力梯度的低渗透多孔介质的渗流规律为：

$$\begin{cases} v = \dfrac{K}{\mu}(\nabla P - G), \nabla P \geqslant G \\ v = 0, \nabla P < G \end{cases} \tag{4-2}$$

将上述两式合并，得到

$$\begin{cases} a\nabla P^2 + \left(b - \dfrac{K}{\mu}\right)\nabla P + c + \dfrac{K}{\mu}G = 0, \nabla P \geqslant G \\ v = 0, \nabla P < G \end{cases} \tag{4-3}$$

由此可以确定启动压力梯度

$$G = -\dfrac{\left[a\nabla P^2 + \left(b - \dfrac{K}{\mu}\right)\nabla P + c\right]}{\dfrac{K}{\mu}} \tag{4-4}$$

启动压力梯度的测试在理论上需要测试流体从静止到渗流发生的瞬间岩芯两端的压力差值，但在目前技术条件下，渗流瞬间启动的控制和测量难以达到，因此在我们的实验中启动压力梯度的测试方法是逐次降低实验流量，测定不同流量下岩芯两端的压力差值，绘制渗流速度-压力梯度实验曲线，通过拟合获得各实验条件下二项式系数 a、b、c，再通过式（4-4）求得启动压力梯度。

4.2.3.2　试样准备及实验步骤

实验用岩芯及地层水均取自长庆油田超低渗透区块，岩芯基础参数见表 4-5，实验装置流程图如图 4-8 所示。

表 4-5　岩芯基础参数

岩芯编号	长度/cm	直径/cm	孔隙度/%	气测渗透率/×10⁻³μm²
a	6.38	2.52	10.27	0.21

所采取的实验步骤如下：

① 将岩芯 a 充分清洗后并烘干，用 SCMS-1 型全自动岩芯孔渗测量系统测定岩芯的长度、直径、孔隙度和渗透率，抽真空，然后饱和地层水；

② 按图 4-8 连接实验设备，并憋压 10MPa，确认整个流程无泄漏；

③ 将饱和地层水的白153岩芯装入岩芯夹持器，实验流体装入中间容器中，

打开烘箱，将温度设定到60℃，恒定5h，确保实验温度稳定在60℃；

④ 使围压高于注入压力 1～2MPa，打开回压阀，回压高于实验温度时注入流体饱和蒸气压 0.5～1MPa；

⑤ 打开驱替泵，按照实验方案进行驱替实验，测量稳定时的流量及岩芯两端的压差，为消除围压的影响，整个实验过程围压设定为 5MPa；

⑥ 重复步骤③，按照实验方案将系统温度分别设定为 80℃、90℃、100℃、110℃、120℃、140℃、160℃，每个温度均恒定 5h 以上，使实验流体及岩芯都达到实验设定温度，重复步骤④和⑤；

⑦ 根据所测压力与流量，计算渗流速度与驱动压力梯度，拟合曲线，得出切线因子，按照式（4-4）确定启动压力梯度。

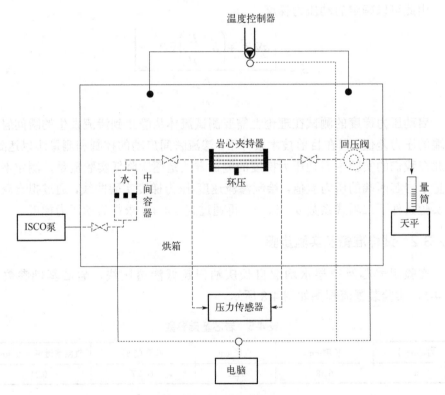

图 4-8　实验装置流程图

4.2.3.3　实验结果与分析

实验测定了低渗透岩芯在各温度条件下渗流速度与驱动压力梯度的关系，测试数据见表 4-6。各温度条件下的拟合关系曲线见图 4-9～图 4-16。

表 4-6　不同温度及不同渗流速度下的压力梯度数据

温度/℃	渗流速度/(cm/s)	0.094	0.188	0.282	0.376	0.470	0.564
60		0.10	0.19	0.28	0.36	0.49	0.58
80		0.09	0.18	0.26	0.34	0.43	0.50
90		0.09	0.16	0.25	0.32	0.44	0.49
100	压力梯度/(MPa/cm)	0.09	0.17	0.25	0.31	0.41	0.47
110		0.08	0.16	0.26	0.34	0.46	0.50
120		0.09	0.18	0.26	0.34	0.43	0.50
140		0.07	0.12	0.16	0.22	0.37	0.43
160		0.08	0.13	0.17	0.22	0.31	0.37

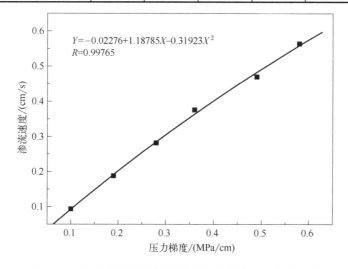

图 4-9　60℃条件下驱动压力梯度与渗流速度之间的关系

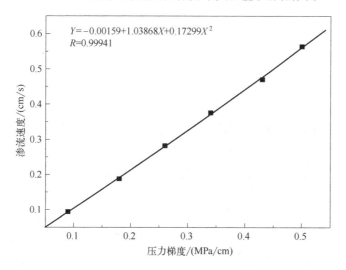

图 4-10　80℃条件下驱动压力梯度与渗流速度之间的关系

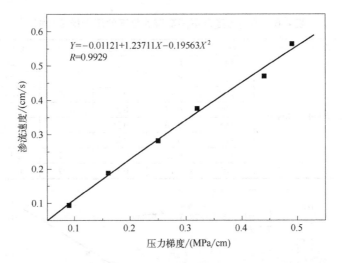

$Y = -0.01121 + 1.23711X - 0.19563X^2$
$R = 0.9929$

图 4-11　90℃条件下驱动压力梯度与渗流速度之间的关系

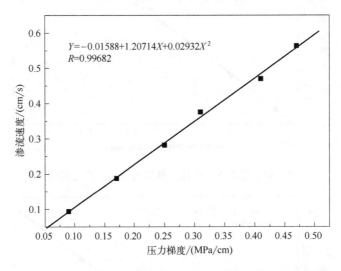

$Y = -0.01588 + 1.20714X + 0.02932X^2$
$R = 0.99682$

图 4-12　100℃条件下驱动压力梯度与渗流速度之间的关系

　　根据拟合结果，求解出各温度条件下启动压力梯度，其随着温度的变化趋势见图 4-17。由图 4-17 可以看出，温度由 60℃增加到 100℃时，启动压力梯度呈现减小趋势，但减小的幅度不大。根据式（4-4），启动压力梯度受流度影响，岩芯渗透率随着温度的升高而逐渐增加，渗透率的增加使得流度变大，导致启动压力梯度减小。温度升高至 100℃以后，温度对启动压力梯度的影响变得更加显著。启动压力梯度在高温条件下（＞100℃）随温度的升高而增大，分析认为这主要是由黏土矿物的膨胀引起的。岩石矿物中含的黏土成分具有遇水膨胀的特性[21]，高温热水驱条件下颗粒的分散、运移和膨胀作用会更加显著。这些作用会造成相对微小的孔隙喉道被堵塞，从而导致有效孔隙度降低，渗流能力变差。而超低渗透油藏岩石的孔隙喉道本就极小，这种堵塞甚至使得部分孔喉失去导流能力，渗流阻力的增大必然导致启动压力梯度增加；而黏土矿物膨胀及扩散后易形成黏土溶胶，岩石矿物中的硅质成分进入水中会导致靠近颗粒表面的水变为塑性流体，从而使水的黏度发生变化。根据 Einstein 黏度定律，当溶液中的黏土含量增加到一定数值以后，溶液的黏度会显著增加。高温条件下流体黏度的增加会导致流度减小，最终使启动压力梯度增大。相比温度对岩石渗透率的影响而言，其对流体黏度的影响更加显著。因此，黏土矿物的分散、膨胀和运移以及扩散后形成黏土溶胶是引起超低渗透油藏注热水启动压力梯度增加的重要原因。因此，在开展超低渗透油藏热水驱时，对黏度矿物的防膨处理是需要考虑的一个重要因素。

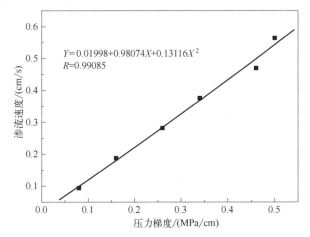

图 4-13 110℃条件下驱动压力梯度与渗流速度之间的关系

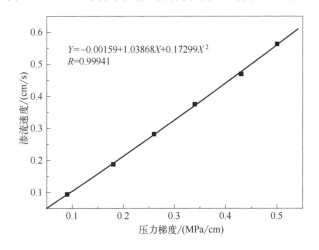

图 4-14 120℃条件下驱动压力梯度与渗流速度之间的关系

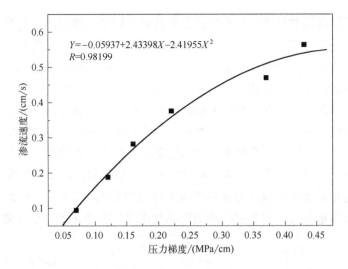

图 4-15　140℃条件下驱动压力梯度与渗流速度之间的关系

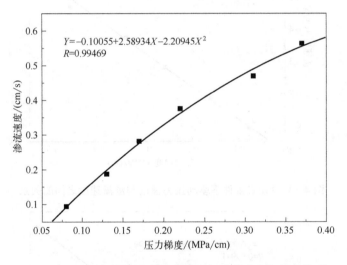

图 4-16　160℃条件下驱动压力梯度与渗流速度之间的关系

4.2.4　注热水对油水相对渗透率的影响

在多相流体渗流力学中，引入了相渗透率和相对渗透率的概念。相渗透率是指当岩石孔隙内多相流体渗流时，其中某一种流体通过岩石孔隙的能力大小。同一岩石的相渗透率之和总是小于该岩石的绝对渗透率，这是因为多相流体在同一孔道渗流过程中会相互之间产生干扰，不仅要克服黏滞阻力，还要克服毛管力、附着力和由于液阻现象增加的附加阻力。相对渗透率是指相渗透率和绝

对渗透率的比值，它是衡量某一种流体通过岩石能力大小的指标。

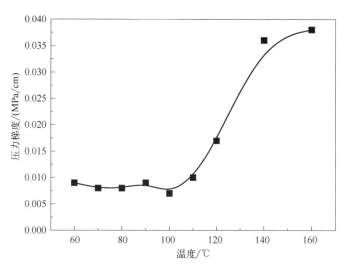

图 4-17　温度与启动压力梯度的变化关系

相对渗透率是描述多孔介质中多相渗流的一个有用工具，是研究油水两相渗流的基础，对油田开采参数的计算、油田开发方案的编制以及油藏模拟具有非常重要的意义。相对渗透率数据对许多油藏工程计算来说是一个重要参数，它可以提供油藏中各相运动的基本描述。对油藏热水驱而言，油水相对渗透率资料是研究油、水两相渗流的基础，对热水驱开发方案的制定起着举足轻重的作用。因此，确定具有代表性的相对渗透率曲线对超低渗透油藏热水驱开发来说是非常重要的。

4.2.4.1　测定方法与原理

相对渗透率的测定方法主要分为直接测定法和间接测定法。直接测定法包括稳态法和非稳态法两大类；间接测定法有毛管力曲线法、矿场资料计算法和经验公式计算法[22]。

稳态法是使固定比例的油、水通过岩芯，直到建立起流体饱和度和压力的平衡状态，求此平衡态的流体饱和度和压力值，然后用达西公式求解。非稳态法是根据水驱油的基础理论，认为在水驱油的过程中，油水饱和度在岩石中的分布是水驱时间和距离的函数，即油、水的相对渗透率随油、水饱和度分布的变化而变化，油、水在岩石横截面上的流量随时间的变化而变化。因此，测定出恒定压力时的油、水流量或恒定流量时压力的变化，即可以计算出两相渗透率与油水饱和度的变化关系。

由于稳态法测试时间长，操作复杂，因此，本次实验室采用非稳态法进行相对渗透率的测定。非稳态油-水相对渗透率的测定是根据一维两相水驱油的基础理论，描述超低渗透油藏岩芯在热水驱过程中水、油饱和度在多孔介质中的分布随距离和时间变化而变化的函数关系。本实验按照模拟条件的要求，在岩芯模型上进行恒速的热水驱油实验，整理计算实验数据，得出了注热水对白153超低渗透岩芯油水相对渗透率的影响。

4.2.4.2 实验准备及流程

实验用原油和地层水均取自长庆油田超低渗透区块。80℃实测原油黏度为4.3mPa·s。岩芯基础参数见表4-7。

表4-7 岩芯基础参数

岩芯编号	长度/cm	直径/cm	孔隙度/%	气测渗透率/×10⁻³μm²
1	5.78	2.52	8.78	0.12
2	6.34	2.51	10.21	0.55
3	6.19	2.51	10.23	0.34
4	6.17	2.52	9.65	0.76
5	6.13	2.53	9.6	0.52
6	5.86	2.52	7.89	0.33
7	6.08	2.52	11.01	0.69
8	6.05	2.53	10.25	0.08
9	5.98	2.52	10.06	0.13

实验装置和实验流程如图4-18所示。实验步骤如下：

① 实验前对所用实验仪器进行检测，使仪器的误差在允许的范围内；清洗管线，保证其没有堵塞；按照实验要求连接整个流程，在10MPa下对系统进行试压5h，确保系统无泄漏；

② 将岩芯放入岩芯夹持器中，加围压4MPa后，再连续抽5h；

③ 将岩芯饱和地层水。加内压2MPa，以确保岩芯完全被水饱和；

④ 将饱和地层水的岩芯放入岩芯夹持器，将地层水和原油分别置于中间容器中，通过恒温箱调节实验温度，各实验温度至少恒温4h，以确保岩芯及实验流体达到设定的实验温度；

⑤ 用实验原油以恒定速度驱替岩芯中的地层水，建立束缚水饱和度和原始含油饱和度。驱替到两端的压差平稳后再提高注入速度驱替1～1.5倍孔隙体积，以确保得到束缚水饱和度；

⑥ 进行水驱油。在恒定压力下进行水驱油并准确记录见水时间、见水时的

累积产油量、岩样两端的压差。见水初期，加密记录。根据出油量的多少选择记录的时间间隔。随着产油量的不断下降，逐渐加长记录时间间隔。待出口端不再出油，并且压差稳定后结束实验；

⑦ 整理实验结果，绘制相对渗透率曲线。

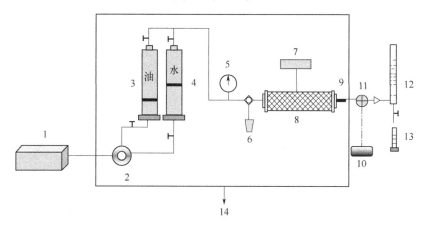

图 4-18　油水相对渗透率测试实验装置和流程图

1—恒速恒压泵；2—六通阀；3—中间容器（油）；4—中间容器（水）；5—精密压力表；

6—接液装置；7—环压系统；8—岩芯夹持器；9—冷凝管；10—加回压系统；11—回压阀；

12—油水分离器；13—量筒；14—恒温箱

4.2.4.3　实验结果与分析

分别针对 1～9 号岩芯开展了 60℃、70℃、80℃、90℃、100℃、120℃、140℃、160℃、180℃温度条件下油、水相对渗透率的测定实验，其相对渗透率曲线见图 4-19。

分析不同温度下超低渗岩芯油、水相对渗透率曲线可知，白 153 超低渗透岩芯束缚水饱和度和残余油饱和度较大，表明油层储油能力和产油能力较差。随着含水饱和度的增加，水相相对渗透率增加缓慢，油相相对渗透率下降较快，表明油藏吸水能力差，水驱效果有限。油水同流区范围较窄，说明油、水同产时间较短，由于超低渗透油藏的液阻效应比常规油藏更加明显，油水之间的相互干扰作用更加剧烈，因此曲线的交叉点（等渗点）比较低，进一步说明了开采超低渗透油藏有较大的难度。

表 4-8 实验测定了不同温度条件下的束缚水饱和度、残余油饱和度、等渗点饱和度三项相对渗透率曲线特征值，并且与常规水驱条件（40℃）的特征值进行对比，得出几点认识如下：

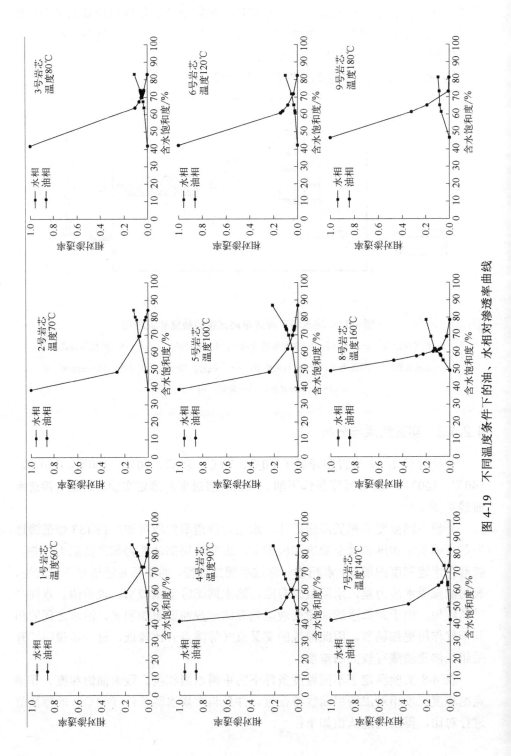

图 4-19 不同温度条件下的油、水相对渗透率曲线

① 随着温度的升高，束缚水饱和度整体呈现增大趋势。这是由于温度升高，润湿角减小，岩芯的亲水性逐渐增强，温度升高能显著提高岩芯的亲水性，导致束缚水饱和度增大。

② 与常规水驱相比，温度的升高使残余油饱和度减小，主要原因是温度升高使原油的黏度降低，升温降黏改善了原油的流动能力，使水、油流度比有一定程度的改善，从而导致残余油饱和度降低，水驱效率增加。

③ 随着温度的升高，等渗点饱和度呈现右移的趋势。40℃常规水驱等渗点饱和度为62.5%，60～180℃热水驱的等渗点饱和度普遍高于常规水驱（平均值为 67.5℃），进一步说明温度升高使油藏亲水性增强，从而提高了水驱的洗油效率。

综上所述，相比常规水驱而言，注热水能够一定程度上改善油、水的渗流特性，使油藏更加亲水，束缚水饱和度增大，残余油饱和度降低，提高最终采收率。因此热水驱对超低渗透油藏开发是具有一定优势的。

表4-8　不同温度条件下相对渗透率曲线特征值

岩芯编号	温度/℃	束缚水饱和度 S_{wi}/%	残余油饱和度 S_{or}/%	等渗点饱和度/%
1	60	40.93	13.85	70.8
2	70	38.5	15.65	68.5
3	80	41.93	17.99	70.4
4	90	42.1	14.7	60.1
5	100	38.83	12.95	66.2
6	120	42.34	17.65	70.2
7	140	42.68	16.83	69.8
8	160	49.5	21.4	61.2
9	180	46.7	18.8	70
A	40	37.04	25.92	62.5

4.3　热水驱过程中温度分布及热效率实验

在热力采油工程中，注入热流体沿井筒方向的热损失是影响热效率的关键因素之一。对国内外热水驱室内实验以及矿场试验进行了文献调研，这些文献的一些结论对设计热水驱温度分布及热效率模拟实验具有一定的借鉴意义和参考价值。

室内实验方面，一般认为流速和流动方向对多孔介质的热传导存在一定的影响。因此，本实验设计了两种差异较大的流速，以研究注热水过程中沿井筒方向上的温度分布。

矿场试验方面，河南油田泌 1251、泌 1254、泌 4506 三个井组开展过 60℃ 热水驱实验，采收率提高 5%左右，见到了明显的增油效果[22]。说明对于渗透率相对较好的油藏，较低温度的热水驱即能取得良好的效果。渤 21 断块油田的上馆陶 3～4 砂层组，平均渗透率 564×10^{-3}μm^2，平均孔隙度 30%，也具有孔渗较高的特点，通过对渤 21 块主力产区进行热水驱数值模拟，分别进行了热水驱适应性、生产注入、注入温度等参数的优化，优选出最佳热水驱方案。根据数模结果，优选出的注入热水温度为 100℃，阶段采出程度较高，累积净产油量高，投入产出比为 1:1.92，经济效益较好。

热水驱矿场试验结果表明，对于孔隙度和渗透率相对较好的油藏，较低的注入温度即可收到良好的效果，如果温度进一步增加，采收率提高很小，就会造成能源的浪费。对于渗透率相对较好的储层，热水驱温度在 60～100℃ 之间较为适宜。对于低渗透以及超低渗透油藏，可以适当提高注入温度。

本次实验是通过注入热水研究温度分布及热效率，需要保证孔渗数据合适，使单位时间内交换的热量大，便于操作和测量。因此，将填砂岩芯渗透率确定在 150×10^{-3}μm^2 左右，热水驱温度确定为 70～90℃ 之间。根据热水驱实验的结论，高渗透 18 号岩芯（渗透率 91×10^{-3}μm^2）和 19 号岩芯（渗透率 356×10^{-3}μm^2）的合适注热水温度为 80℃，因此选取这个温度区间开展热水驱温度分布及热效率实验是合适的。

4.3.1 实验材料与方法

实验设备主要包含了填砂管、热水源、恒速水泵、温度采集系统。设备流程图如图 4-20 所示。填砂管材质为不锈钢，尺寸为 910mm（长）×25mm（直径）×0.3mm（壁厚）。通过电子振荡器对砂粒进行压实，以获得所需孔隙度和渗透率，实验中填砂管渗透率为 150×10^{-3}μm^2，孔隙度为 31%。由于本实验目的是研究热水驱过程中的温度分布特征和热效率，为增强实验的操作性和便利性，认为这样的孔渗数据符合要求。通过在进口端、填砂管内部、出口端布置热电偶进行温度采集。并且在填砂管外壁焊接了 20 个热电偶，以采集管外壁温度数据。

实验步骤如下：

① 对填砂管进行空气试压 2MPa，5min 不漏为合格；

② 饱和蒸馏水；

③ 将填砂管通过法兰和承压容器连接，在环空缝隙内填满硅酸盐，进行绝

热处理；

④ 将水源、水泵和填砂管连接，按照实验温度要求启动供水及加热系统；

⑤ 检查水温、流量等参数，确保水温、流量达到实验要求，在此期间通过放喷管线排水；

⑥ 注热水之前记录填砂管内部及承压容器外壁的初始温度；

⑦ 开始注热水，驱替管内初始饱和的冷水。填砂管内部温度每15min记录一次，进出口温度与压力容器温度持续记录，记录产水量；

⑧ 当系统达到稳定状态时结束实验。

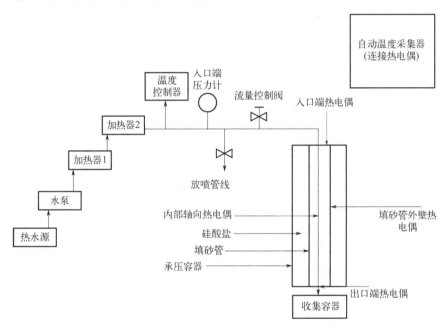

图 4-20　热水驱温度分布及热效率实验装置流程图

4.3.2　实验结果与分析

4.3.2.1　热水驱过程中填砂管温度分布

实验中采集的温度数据能够在侧面反映出热水驱过程中管内热量与时间的函数关系。图 4-21 给出了不同注入时间条件下管内温度随距离（距入口端）的变化关系。

实验 1 的管内初始温度为 23℃，平均注热水温度为 86℃，平均注入流量为 0.25mL/min。随着注水时间的增加，注入热水的运动特点可以通过填砂管内部轴向温度分布而加以判断。在累计注水 8h 后，温度随距离呈现直线关系，说明填砂管内的温度分布达到稳定状态。管内轴向温度梯度与该注入条件下热水的热损失成正比。

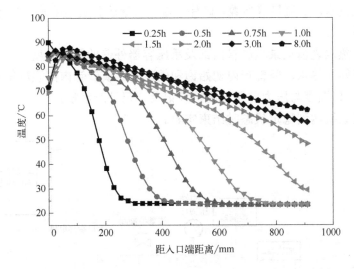

图 4-21　不同注入时间条件下填砂管内部轴向温度随距离的分布曲线（实验 1）

实验 2 的注入流量为 0.55mL/min，平均注热水温度为 73℃。可以看出，与实验 1 注入温度相比，注入流量的差异更为显著。而且，实验 2 还测量了管外壁温度分布。

图 4-22 给出了不同注入时间条件下填砂管内部及外壁温度随距离（距入口

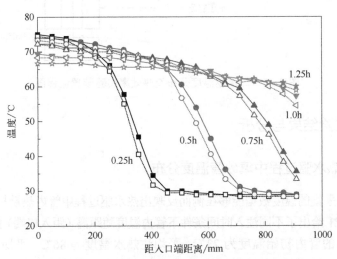

图 4-22　不同注入时间条件下填砂管内部及外壁轴向温度随距离的分布曲线（实验 2）

实线为管内温度；虚线为管外壁温度

端）的变化关系。从图中可以看出，在轴向等距离点的管外壁温度与内部温度一般相差不大，管外壁温度要比管内温度略低。而且随着注入时间的增加，二者的差值变小，说明温度分布趋于稳定。

4.3.2.2 热水驱过程中的热效率

热效率即某一特定时间注入填砂管内的有效热量与累积注入热水所含总热量的比值。通过分析实验所得的温度-距离数据可以得到砂岩内的平均温度。则热效率为：

$$\delta = \frac{\overline{t}Q_t}{Q_i} \times 100\% \qquad (4-5)$$

式中　δ ——热效率，%；

　　　$\overline{t}$ ——热水驱过程中砂岩的平均温度，℃；

　　　Q_t ——升高 1℃所需的热量，J；

　　　Q_i ——注入热水所含的总热量，J。

图 4-23 给出了实验 1 和实验 2 在不同注入流量条件下热效率与累计注入时间之间的函数关系。可以看出，随着注水时间的增加，热效率降低；在相同的注水时间内，随着注入流量的增加，热效率降低。

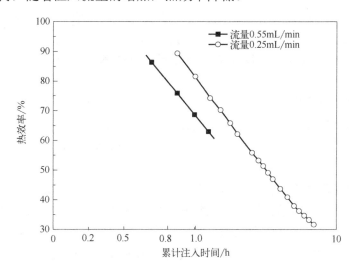

图 4-23　不同注入流量条件下热效率与累计注入时间的关系

图4-24给出了在不同注入流量条件下热效率与累计注水量之间的函数关系。可以看出，注入流量相同的条件下，随着累计注水量的增加，热效率降低；而累计注水量一定时，注入流量增加，热效率增加。

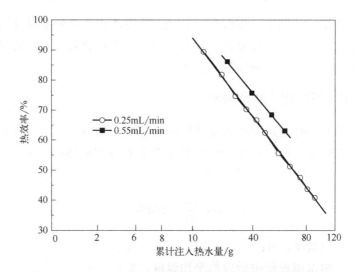

图 4-24　不同注入流量条件下热效率与累计注水量的关系

4.4　热水/表面活性剂复合驱效率评价实验

目前我国大部分油田都已经进入了二次采油阶段，但是随着油田的不断开采，油田储油量不断下降，为了进一步提高原油采收率，许多油田已经进入了三次采油的阶段。其中化学复合驱技术是一种比较新的三次采油技术，在 20 世纪 80 年代开始发展起来。通过复合驱技术的应用，可以大幅度提高原油采收率。

在复合驱过程中，表面活性剂（简称表活剂）起着非常重要的作用。表面活性剂能够降低原油和水之间的表面张力，使得原油更容易被水驱出来。此外，表面活性剂还可以提高水的相对渗透率，从而促进水的流动，进一步推动原油的驱替。

由于表面活性剂的作用非常重要，因此表面活性剂的开发和应用成为近些年来研究的热点。目前，国内外已经开发出了许多不同种类的表面活性剂[23]，并且针对不同类型的油田和采油工艺，也有了相应的表面活性剂选择和应用指南。表面活性剂作为化学复合驱技术的重要组成部分，在热水驱的研究和应用中也扮演着十分重要的角色。

根据注入水中加入表面活性剂可以降低油水界面张力，从而提高原油采收率的基本原理，通过岩芯流动实验，发现在热水中加入表面活性剂后，随着温度的升高，热水/表面活性剂复合驱能提高采收率。根据活性剂注入时机与方式的不同，分别进行了方案一（热表面活性剂驱）和方案二（热水/表面活性剂复合驱）两种实验方案的对比研究，两种方案具体如下：

方案一：热表面活性剂驱，指在不同温度条件下，直接进行表面活性剂驱，即表面活性剂驱之前岩芯未单独进行热水驱，而是将热水和表面活性剂一起注入。

方案二：热水/表面活性剂复合驱，指在 70℃条件下，先进行热水驱至经济极限，然后再进行不同温度（70～120℃）条件下的表面活性剂驱。

4.4.1　表面活性剂简介

4.4.1.1　表面活性剂概述

通过少量加入即能大幅度降低溶剂（一般为水）的表面张力或液-液界面张力的一类有机化合物称为表面活性剂。表面活性剂分子由亲水基团（也称憎油基）和亲油基团（也称憎水基）构成。它既可以溶解在极性溶剂（最常用的溶剂是水）中，又可以溶解在非极性的油相中，具有两亲性质，又称为两亲分子。

根据化学结构和性质，表面活性剂可分为以下几种类型。

（1）非离子型表面活性剂

这种表面活性剂的分子中不含任何离子，它们的分子结构包括一个亲水基和一个疏水基，具有优异的温和性和生物相容性，常用于肥皂、洗发水等日常清洁用品中。

（2）离子型表面活性剂

这种表面活性剂的分子中含有带正电荷或负电荷的离子，可以进一步分为阴离子表面活性剂和阳离子表面活性剂两种。

（3）阴离子表面活性剂

这种表面活性剂的分子中含有负离子，亲水基为羧酸、磺酸、磷酸等，常用于洗涤剂、肥皂等中。

（4）阳离子表面活性剂

这种表面活性剂的分子中含有正离子，亲水基为胺、吡啶等，常用于杀菌剂、柔软剂等中。

（5）两性型表面活性剂

这种表面活性剂分子中含有同时具有负离子和正离子的部分，具有优异的清洁效果和调节水分平衡的功效，常用于洗发水、护发素等中。

（6）混合型表面活性剂

这种表面活性剂由两种或多种不同类型的表面活性剂混合而成，可以发挥不同类型表面活性剂的优点，以达到更好的效果。

按疏水基的性质，可分为以下几类。

（1）碳氢表面活性剂

这种表面活性剂分子中的疏水基为碳氢链，常用于液体洗涤剂、洗发水、肥皂等中。

（2）氟表面活性剂

这种表面活性剂分子中的疏水基为氟碳链，具有优异的耐温性和耐油性，常用于防水涂层、抗污剂等中。

（3）硅表面活性剂

这种表面活性剂分子中的疏水基为硅氧链，具有良好的润滑性、耐高温性和耐腐蚀性，常用于护肤品、润滑剂、涂料、防水剂等中。

按亲水基的性质，可分为以下几类。

（1）聚醚型表面活性剂

这种表面活性剂分子中的亲水基为聚氧乙烯或聚氧丙烯，具有良好的分散、润湿和乳化性能，常用于清洁剂、润滑剂等中。

（2）磷酸型表面活性剂

这种表面活性剂分子中的亲水基为磷酸根，具有良好的分散、乳化和螯合性能，常用于金属清洗剂、防锈剂等中。

（3）羟基型表面活性剂

这种表面活性剂分子中的亲水基为羟基，具有良好的润湿性能和皮肤相容性，常用于护肤品、洗发水等中。

总之，表面活性剂的种类繁多，不同种类的表面活性剂在化学结构和性质上存在差异，也因此在不同领域中有不同的应用。在水驱油藏中常用的表面活性剂是阴离子表面活性剂，因为阴离子表面活性剂分子中的亲水基为负离子，容易与水分子结合，同时具有较强的吸附能力，能够在油水界面形成一层稳定的胶束，从而使原本不相溶的水和油混合，增加了水对油的可驱动能力，提高了水驱采收率。此外，阴离子表面活性剂还具有较好的渗透能力和润湿性能，能够改善水在油藏中的分布和浸润性，促进水驱油效果的发挥。除了阴离子表面活性剂外，其他类型的表面活性剂在水驱油中也有应用。例如，非离子型表面活性剂由于分子结构中不含离子基团，因此不易受到电解质的影响，且具有较好的稳定性和降低黏度的能力，常用于油藏的增黏降黏和改变油水相互作用力，以提高水驱效果。另外，混合型表面活性剂由于结构中包含不同类型的基团，因此可以兼顾不同的性能要求，例如，阴离子型和非离子型表面活性剂混合使用可以提高稳定性和可驱动性；两性型表面活性剂则同时具有阴离子和阳离子的特性，可以提高润湿性和渗透能力，改善水在油藏中的分布。总之，在水驱油生产中，选择合适的表面活性剂类型和组合，可以改善油藏物理化学性质，提高水驱采收率，实现经济高效的油田开发。

4.4.1.2 表面活性剂驱油机理

表面活性剂的驱油机理是多方面的，包括降低接触角、降低相互作用力、促进原油乳化、降低油水界面的黏附能力、改善油水分布状态等多个方面。这些机理的共同作用，能够大幅度提高原油的采收率，具体体现在以下几个方面。

（1）降低原油与岩石表面的接触角

表面活性剂可以降低原油与岩石表面的接触角，使得原油更容易被水驱替出来。在水驱过程中，如果原油与岩石表面的接触角较大，油就会被岩石吸附住，无法被水驱替出来。而表面活性剂可以在原油和水之间形成一层薄膜，使原油与岩石表面的接触角减小，从而使原油更容易被水驱替出来。

（2）降低原油与水的相互作用力

原油与水之间的相互作用力很强，使得原油很难被驱替出来。表面活性剂可以降低原油与水之间的相互作用力，从而使原油更容易被驱替出来。这是因为表面活性剂能够在原油和水之间形成一层薄膜，使原油与水之间的相互作用力变弱。

（3）促进原油的乳化

表面活性剂能够使油水混合物形成稳定的乳液，从而提高原油的乳化度，增加原油的可驱替性。这是因为表面活性剂可以降低油水界面的张力，促进油水的混合。

（4）降低油水界面的黏附能力

表面活性剂可以降低油水界面的黏附能力，减小黏附力，使得原油更容易被驱替出来。在油水界面处，原油与孔壁之间的黏附力较大，这使得原油难以从孔隙中流出。表面活性剂的存在可以降低油水界面的黏附能力，从而减小黏附力，使得原油更容易被驱替出来。

（5）改善油水分布状态

表面活性剂可以改善油水混合物的分布状态，提高原油的分散度，从而使得原油更容易被驱替出来。当原油被包裹在水的胶束中时，它的分散度更高，更容易与水形成稳定的混合物。而表面活性剂的存在可以促进水和油的混合，使得混合物更均匀分布在孔隙中，从而提高了原油的可驱替性。

4.4.2 传统表面活性剂性能评价

各类表面活性剂分别为脂肪醇聚氧乙烯醚硫酸钠（AES）、聚氧乙烯辛基苯酚醚-10（OP-10）、烷基糖苷（APG）、醇醚羧酸盐（AEC9-Na-5）、油酸钠、十二烷基硫酸钠（SLS）、十二烷基苯磺酸钠（SDBS），均为工业品；原油取自长庆某低渗透区块脱水脱气原油；实验用水为模拟地层水，其总矿化度介于地层水与注入水之间。模拟地层水的矿化度指的是配制水中溶解固体物质的总含量，是反映水质程度的重要指标之一。模拟地层水的组成见表 4-9。

表 4-9　模拟地层水的组成

项目	$Na^+ + K^+$	Ca^{2+}	Mg^{2+}	Cl^-	SO_4^{2-}	HCO_3^-	总矿化度	水型
矿化度/（mg/L）	25732	5358	72	59456	—	—	90618	$CaCl_2$

4.4.2.1　配伍性及降低界面张力性能评价

在地层条件下进行表面活性剂与模拟地层水的配伍实验，其过程是分别将表面活性剂用模拟地层水配制成一定浓度的溶液，用分光光度计在 450nm 下测定其吸光度，然后每隔一段时间测定一次吸光度，如果表面活性剂与水不配伍，则溶液中有沉淀或浑浊物出现，吸光度增加。实验结果表明，所测定的七种表面活性剂溶液吸光度没有发生变化，说明表面活性剂与模拟地层水的配伍性较好。

分别对不同油水体系进行界面张力测定，模拟地层水/原油体系的界面张力为 9.016mN/m，添加表面活性剂后体系界面张力明显下降（表 4-10）。其中，APG 和 SDBS 下降幅度较大，降低油水界面张力的效果较好，因此对这两种表面活性剂进行进一步的评价。

表 4-10　表面活性剂水溶液/原油体系界面张力

表面活性剂类型	AES	OP-10	APG	AEC9-Na-5	油酸钠	SLS	SDBS
界面张力/（mN/m）	1.235	$4.41×10^{-1}$	$1.52×10^{-1}$	$2.93×10^{-1}$	$7.71×10^{-1}$	$8.04×10^{-1}$	$1.98×10^{-1}$

4.4.2.2　表面活性剂在岩芯上的吸附特性评价

APG 与硫氰酸钴可以发生反应。硫氰酸钴可以将辛醇聚氧乙烯醚硫酸酯盐中的硫酸根（SO_4^{2-}）离子还原成硫化物（S^{2-}）离子，生成蓝色的络合物。此物质可自水相萃取到有机相中，萃取物颜色深度（可用吸光度值 A 表示）与该表面活性剂浓度呈线性关系。实验用品包括 751 分光光度计、上海 SHZ-22 型水浴恒温振荡器、比色皿（1cm）、离心分离器、10mL 离心管、150mL 分液漏斗。实验试剂包括六水合氯化钴、硫氰酸铵、氯化钠、盐酸（1mol/L）、表面活性剂 APG。显色剂配制为硫氰酸钴盐溶液，将六水合氯化钴（12.267g）、硫氰酸铵（100g）、氯化钠（50g）混合后配制成 500mL 溶液。实验条件为吸收波长为 660nm，水相总体积为 30mL（其中显色剂为 10mL），有机溶剂用量为 15mL，比色皿为 0.5cm。取不同量的 1%的表面活性剂 APG 标准溶液，测其吸光度，由上述数据作出标准曲线，如图 4-25 所示。

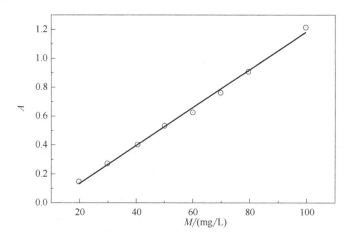

图 4-25　吸光度与表面活性剂浓度的线性关系

通过配制一系列表面活性剂浓度的溶液，按固液比 1∶10 分别称取 5g 油砂和 50g 溶液，放入三角瓶中，恒温振荡 24h 后，用分光光度法测定吸附前后溶液中的表面活性剂浓度，测得的吸附等温线如图 4-26 所示。

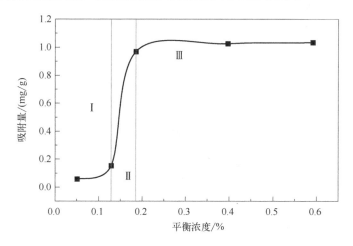

图 4-26　平衡浓度与吸附量之间的关系

由图 4-26 还可看出随着平衡浓度增加，吸附量增加，当达到 0.2%后，吸附量增加缓慢，表明吸附达到饱和状态。因此，该体系配方下的吸附量为1.1mg/g 岩芯。

对表面活性剂 SDBS，采用碱性乙醇-水系溶剂，用阳离子表面活性剂溶液进行滴定。滴定前：In+Na[S]（蓝绿，溶于水相）；滴定过程中：In+Na[S]+[Q]x $\longrightarrow$ In+[S][Q]（蓝绿，溶于水相）；终点时：In+[Q]x $\longrightarrow$ [Q]In（蓝绿，溶于有机相）；其中，In、Na[S]和[Q]x 分别代表溴甲酚绿指示剂、羧酸盐阴离子和阳离子活性剂。

按下式计算表面活性剂 SDBS 的浓度。

$$M=(a-b)\times C/V \tag{4-6}$$

式中 C——海明溶液的浓度，g/L；

V——羧酸盐溶液的体积，mL；

M——羧酸盐溶液的浓度，g/L。

配制一系列浓度的表面活性剂溶液，NaOH 浓度为 0.4%，各取溶液 2mL，用 500mg/L 的海明标准液进行滴定，测得数据如表 4-11 所示：

表 4-11　标准曲线数据表

表面活性剂 SDBS 质量/mg	8.033	4.017	2.017	0.803	0.402
海明溶液体积/mL	1.725	0.925	0.625	0.225	0.125

根据上述数据，在平面直角坐标系中作出表面活性剂 SDBS 质量与海明标准液消耗的体积关系曲线，如图 4-27 所示。

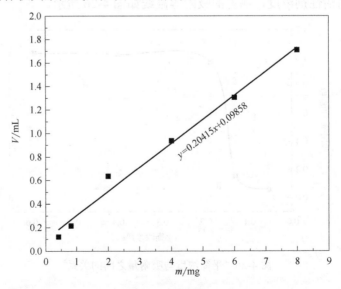

图 4-27　SDBS 质量与海明标准液消耗的体积关系曲线

由图可知，表面活性剂 SDBS 质量（x）与海明消耗体积（y）具有良好的直线对应关系，该标准曲线方程为：$y=0.20415x+0.09858$。

将表面活性剂 SDBS 准确配制成浓度分别为 0.03%、0.05%、0.1%、0.2%、0.5%、1%的溶液，分别取上述六种不同浓度的溶液各 20mL，油砂 2g（液固比为 10:1），分装在不同的塑料瓶中贴上标签放入恒温水浴振荡器中，控制温度为 45℃，振荡 24h，取出静止后，取其上层清液分别进行滴定；按其所消耗的海明体积，可由所绘的标准曲线查出所对应的表面活性剂 SDBS 浓度（亦可由标准曲线方程求得）；然后由下式计算出表面活性剂 SDBS 在油砂上的吸附量。

$$\Gamma = \frac{(C_1 - C_2)V}{G} \times 1000 \tag{4-7}$$

式中　Γ ——吸附量，mg/g；

　　　C_1 ——表面活性剂初始浓度，g/L；

　　　C_2 ——表面活性剂平衡浓度，g/L；

　　　V ——吸附体系中溶液总体积，L；

　　　G ——吸附剂的重量，g。

将表面活性剂 SDBS 配制成浓度分别为 0.6%、0.4%、0.2%、0.1%、0.05%、0.03%的溶液，然后做吸附实验，吸附稳定后用两相滴定法检测吸附后各溶液中表面活性剂 SDBS 的浓度，可做出等温吸附曲线如图 4-28 所示。可以看出，吸附过程分三个阶段。活性剂在油砂上的吸附，实际上就是吸附在砂粒中的黏

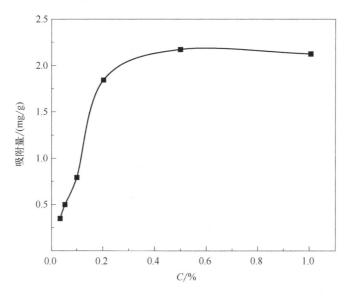

图 4-28　等温吸附曲线

土表面，由于黏土晶体边缘的棱面上存在着因 OH—Al 等键断裂而裸露的正电荷，同时，同晶取代及晶格缺陷等又使黏土表面带负电，所以，黏土晶体带电是不均衡的，所有这些部位都有可能作为表面活性剂 SDBS 的最初吸附部位。

由图 4-28 还可看出随着平衡浓度增加，吸附量增加，当达到 0.3%后，吸附量增加缓慢，表明吸附达到饱和状态。因此，该体系配方下的吸附量为 2.0mg/g 岩芯。

4.4.2.3 表面活性剂的热盐稳定性

在高温高盐等恶劣条件下，表面活性剂容易失去稳定性和活性，影响其应用效果和成本。因此，表面活性剂的热盐稳定性是衡量其质量的重要指标之一。APG 的热盐稳定性见图 4-29，SDBS 的热盐稳定性见图 4-30。APG 水溶液在低浓度盐溶液中具有较好的热盐稳定性，表面张力变化较小，透明度保持在 90%以上；但在高浓度盐溶液中，APG 的热盐稳定性下降，表面张力变化较大，透明度明显降低。

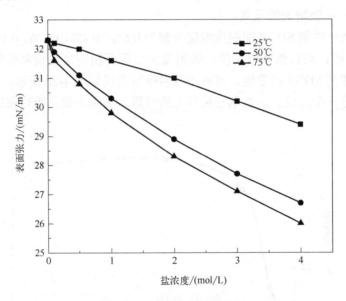

图 4-29 APG 的热盐稳定性

SDBS 水溶液在低浓度盐溶液中具有较好的热盐稳定性，表面张力变化较小，透明度保持在 90%以上；但在高浓度盐溶液中，SDBS 的热盐稳定性下降，表面张力变化较大，透明度明显降低。

需要注意的是，不同的实验条件、溶液成分、浓度等因素都会对表面活性剂的热盐稳定性产生影响。总体来看，APG和SDBS在低盐低温的环境下的稳定性较好，在热水驱开发环境下，温度常常高达180℃，其稳定性变差，不适合作为热水驱开发油藏的表面活性剂。因此，需要筛选或合成适合高温高盐环境的表面活性剂。

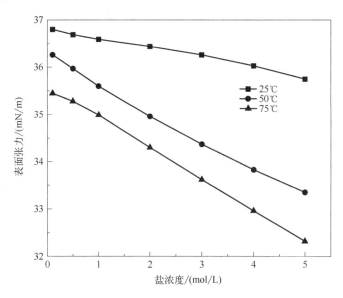

图 4-30 SDBS 的热盐稳定性

4.4.3 低张力表面活性剂体系的制备与评价

4.4.3.1 低张力表面活性剂体系的制备

鉴于传统的水驱表面活性剂热盐稳定性较差,为了适应矿区实际油藏条件,我们验证了一种螯合型低张力的采油体系,该体系能够有效地降低油水界面张力,并且具有良好的润湿和改善作用。螯合型表面活性剂（chelating surfactants）是一种具有特殊结构的表面活性剂。它们的分子中含有一个或多个具有高度配位能力，能与正负离子形成稳定的络合物的螯合基团（通常是亚胺、羧酸等）。这使得螯合型表面活性剂在溶液中呈现出与其他表面活性剂不同的性质，例如其对金属离子的螯合、对有机物溶解度的增强等。这类表面活性剂集表面活性与螯合功能于一身，具有极好的耐硬水性能，并拥有良好的环境兼容性，是一种有广阔发展前景的新型绿色环保型表面活性剂。

（1）实验设计

本实验旨在合成一种螯合型表面活性剂，以无水乙二胺、溴代十二烷乙醇、苛性钠及氯乙基磺酸钠为主要原料。该合成方法包括前驱体制备、反应及产物提纯等步骤。

（2）前驱体制备

首先，将一定量的无水乙二胺和无水乙醇加入250mL三口瓶中，然后在一定温度和搅拌条件下，以滴定方式缓慢地加入一定量的溴代十二烷乙醇溶液，反应数小时，得到一种有机反应物。

（3）反应过程

反应完成后，蒸去乙醇，置于分液漏斗中，将下层分离，上层通过反复用去离子水洗涤、乙醚提取的方式提取出来。将提取得到的乙醚层用无水硫酸镁干燥后，蒸去乙醚，得到含有杂质的粗产品。接着，采用碱性氧化铝柱层析的方法，可得到白色的中间产物。

（4）反应条件

在得到中间产物后，将一定量中间产物的乙醇溶液加入氯乙基磺酸钠溶液中，经搅拌反应24h。

（5）产物提纯

反应完成后，蒸去乙醇，然后采用适当的提纯方法对产物进行精制。最终得到纯度较高的螯合型表面活性剂。

4.4.3.2 低张力表面活性剂体系的评价

（1）表面活性剂体系的降低界面张力能力

用注入水将螯合型表面活性剂配制成浓度为0.2%的溶液，并利用旋转超低界面张力仪在70℃下测定其与长庆油田超低渗透原油的动态界面张力，其结果如图4-31所示。螯合型表面活性剂具有较好的活性，能在较短时间内令界面张力达到平衡，能在2min内使界面张力降至10^{-1}mN/m。在注入水和螯合型表面活性剂的体系中，界面张力随时间逐渐下降，呈现出逐渐稳定的趋势；而在地层水与螯合型表面活性剂的体系中，界面张力随时间的增加呈现出先上升后趋于稳定的趋势。这可能是因为地层水中含有更多的杂质物质，导致反应速率较慢，界面活性物质在界面处分布不均匀。

在注入水和螯合型表面活性剂的体系中，界面张力比在地层水与螯合型表面活性剂的体系中的界面张力高很多。这可能是因为注入水不含有地下沉积物中的杂质物质，导致界面张力较低。

注入水和螯合型表面活性剂的体系中，界面张力的变化速率比地层水与螯合型表面活性剂的体系中界面张力变化速率要快得多。这可能是因为地层水中含有更多的离子、杂质物质等因素，导致体系中的反应速率减慢。

综合来看，在注入水和螯合型表面活性剂的体系中，界面张力变化较快，界面张力值较高；而地层水与螯合型表面活性剂的体系中，界面张力的变化速率较慢，界面张力值较低。螯合型表面活性剂的抗盐性良好，能够在高矿化度的模拟地层水中将界面张力降低至 10^{-1}mN/m。

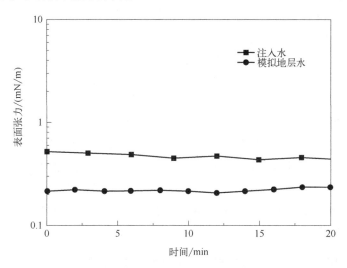

图 4-31　不同体系下螯合型表面活性剂的降低界面张力情况

（2）表面活性剂体系的热稳定性

为了考察低张力表面活性剂体系的热盐稳定性，分别在 70℃、90℃以及110℃条件下，对用模拟地层水配制的各体系进行为期 30d 的观察，并定期测定体系的界面张力，其结果见图 4-32。

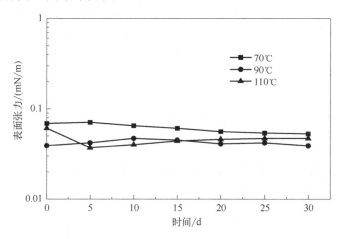

图 4-32　不同温度下体系的热盐稳定性

从图 4-32 中可以发现，随着老化时间的延长，不论是在 70℃下还是在 110℃

下，体系的活性都得以良好保持。首先，70℃下表面活性剂体系 30 天的界面张力范围为 0.053~0.069mN/m，降幅明显；90℃下表面活性剂体系 30 天的界面张力范围为 0.039~0.047mN/m，降幅较小；110℃下表面活性剂体系 30 天的界面张力范围为 0.037~0.061mN/m，降幅最明显。从趋势上来看，三种不同温度下的表面活性剂体系的界面张力均随时间的增加而下降。出现每组数据中单个时间点出现对整体趋势的剧烈波动，可能是由实验条件的环境变化引起的。综合来看，该表面活性剂体系在 70~110℃下的界面张力比较稳定，能够维持较低的体系界面张力。

（3）表面活性剂体系的润湿改变能力

不同温度下表面活性剂对亲水岩芯片接触角的影响见表 4-12，可以看出，在注入水配制环境中，该螯合型表面活性剂对亲水岩芯片的润湿性能影响较小，在 70℃和 90℃下，接触角有所下降，在 110℃下，表面活性剂的润湿改变效果明显，接触角下降幅度较大。而在模拟地层水配制环境中，表面活性剂的润湿改变效果更加明显，无论在哪种温度下，接触角都出现明显下降，其中在 90℃下的下降最为明显。

表 4-12　不同温度下表面活性剂对亲水岩芯片接触角的影响　　　　单位：（°）

作用时间/d	注入水配制			模拟地层水配制		
	70℃	90℃	110℃	70℃	90℃	110℃
7	44.1	60.3	58.7	49.5	129.4	112.0
15	43.0	53.5	41.2	44.1	59.1	68.9

不同温度下表面活性剂对亲油岩芯片接触角的影响见表 4-13。可以看出，在注入水配制环境中，在 70℃下，该螯合型表面活性剂对亲油岩芯片的润湿性能影响较大，接触角下降幅度明显；但在 90℃和 110℃下，表面活性剂的润湿改变效果较小，接触角仍然保持较高水平。在模拟地层水配制环境中，90℃和 110℃下浸泡 7 天后岩芯片润湿性向亲油反转，但在后续浸泡过程中，岩芯片润湿性再次转变为亲水。在模拟地层水配制环境中，表面活性剂仅在 7 天作用时间下对亲油岩芯片的润湿性能有所改变，在其他时间下接触角的变化不大。

表 4-13　不同温度下表面活性剂对亲油岩芯片接触角的影响　　　　单位：（°）

作用时间/d	注入水配制			模拟地层水配制		
	70℃	90℃	110℃	70℃	90℃	110℃
1	118.4	58.1	45.7	70.8	65.1	62.5
7	67.3	72.6	63.5	79.0	72.9	80.1
15	46.6	61.5	59.5	50.5	51.6	58.9

综合来看，在高温环境下，对亲水岩芯片的润湿改变作用比对亲油岩芯片更加明显。且在模拟地层水配制环境中，螯合型表面活性剂对岩芯片的润湿性能影响更加明显。当使用模拟地层水配制时，由于水中阳离子众多，而表面活性剂带有负离子基团，因此在金属阳离子的"架桥"作用下，其于亲水岩芯片上呈离子头朝内、疏水基朝外的方式吸附，从而在 90℃和 110℃下浸泡 7 天后岩芯片润湿性向亲油反转。但在后续浸泡过程中，表面活性剂发生疏水基朝内、离子头朝外的第二层吸附，令岩芯片润湿性再次转变为亲水。对于亲油岩芯片，仍然出现了温度越高，油湿物质越易脱落，润湿性越易发生反转的现象。

润湿性与采收率的关系研究表明，当润湿性为弱亲水时，驱油体系的采收率最高，因此从润湿性改善的角度出发，热水中添加表面活性剂体系有利于提高热水驱效果。

4.4.4 热表面活性剂驱效率评价

4.4.4.1 实验准备及步骤

实验用油为白 153 油样（80℃实测黏度为 4.3mPa·s），表面活性剂为优选后的复配表面活性剂，实验用水为白 153 地层水和注入水，岩芯为 17 号岩芯，岩芯基本参数见表 4-14 所示，实验流程图见图 4-18，具体步骤如下：

① 连接设备，调整泵的流速为低流速（0.2mL/min），在实验温度下用地层水饱和岩芯，然后取出岩芯，用原油流通管线，消除管线误差，重新将饱和好地层水的岩芯装入岩芯夹持器；

② 在常温下以恒定的速度（低速～0.1mL/min）饱和原油，直到岩芯出口端不出水且两端的压差保持稳定，精确计量出口端的出水量，建立束缚水饱和度和原始含油饱和度。在常温下老化 3 天，以模拟岩芯原始润湿性；

③ 清洗管线里的原油，消除误差，然后把流程重新接好，在常温下进行水驱，直至含水率达到 98%时结束，计算采收率；

④ 取出岩芯，调整烘箱温度为油藏温度 70℃，重新饱和岩芯至原始含油饱和度，具体操作参考步骤①、②；

⑤ 清洗管线里的原油，消除误差，然后在油藏温度 70℃条件下表面活性剂驱，直至含水率达到 98%时结束，计算采收率；

⑥ 调整烘箱温度，即更改表面活性剂驱的温度，恒温 4h，以使岩芯温度达到预定温度，重复进行 80℃、90℃、100℃、110℃、120℃条件下表面活性剂驱实验。

4.4.4.2 实验结果与分析

实验分别测定了常规水驱（常温，20℃）的采收率，并在此基础上测定了

70℃、80℃、90℃、100℃、110℃、120℃不同温度条件下岩芯表面活性剂驱的采收率，实验结果如表4-14和图4-33、图4-34所示：

表4-14　17号岩芯表面活性剂驱在不同温度下的采收率

实验温度	常规水驱	70℃	80℃	90℃	100℃	110℃	120℃
采收率 E_R/%	17.7	21.74	28.26	32.61	36.09	38.26	40.43

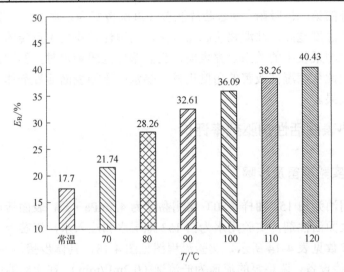

图4-33　不同温度下表面活性剂驱采收率对比常规水驱

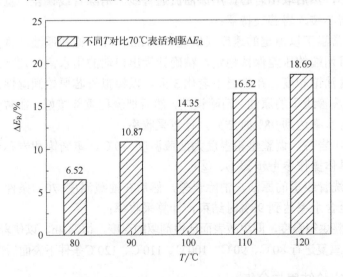

图4-34　不同温度对比70℃表面活性剂驱采收率的增加值

由表 4-14 和图 4-33、图 4-34 可以看出随着温度的升高，表面活性剂驱的采收率逐渐增加，由 70℃即油藏温度条件下的 21.74%到 120℃下的 40.43%，采收率增加接近 1 倍，提高采收率很明显，采收率的增加幅度由 80℃的 6.52%到 120℃下的 18.69%，增加幅度逐渐放缓。分析可能原因为：表面活性剂的加入使油水界面张力降低，同时，温度升高，原油的黏度不断降低，改善了流动能力，总体使采收率增加。

综合实验结果，可对比热水驱和热表面活性剂驱的采收率增加值，以 70℃条件下的采收率为参照值，结果如表 4-15 和图 4-35 所示。

表 4-15　热水驱和热表面活性剂驱的采收率增加值

温度/℃	80	90	100	110	120
热水驱增加值/%	4.06	6.15	6.92	7.00	7.0
热表面活性剂驱增加值/%	6.52	10.87	14.35	16.52	18.69

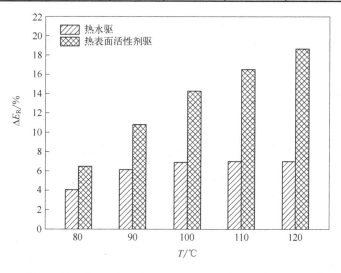

图 4-35　热水和热表面活性剂驱在相同温度下的采收率增加值

由表 4-15 和图 4-35 可以看出，随着温度的升高，热水驱、热表面活性剂驱的采收率增加值都不断增大。其中，热水驱的采收率当温度高于 110℃后不再增加，总的采收率增加值为 7.00%。而表面活性剂驱的采收率在温度低于 110℃前随着温度的升高，采收率增幅明显，温度高于 110℃后，随着温度的进一步增加，采收率增幅逐渐放缓。表面活性剂驱总的采收率增加值为 18.69%，提高采收率效果明显比热水驱好。原因是表面活性剂的加入降低了油水界面张力，能进一步启动热水驱不能启动的残余油，从而提高了洗油效率，改善了驱油效果。可见，热表面活性剂驱驱油效果比热水驱更好，能获得更高的原油采收率。

4.4.5 热水/表面活性剂复合驱效率评价

4.4.5.1 实验准备及步骤

实验所用油和水同前，岩芯编号为18，具体步骤如下：

① 接好实验流程后，调整烘箱温度为70℃，以恒定速度（低速～0.1mL/min）饱和原油，直到岩芯出口端不出水且两端的压差保持稳定，精确计量出口端的出水量，建立束缚水饱和度和原始含油饱和度。在实验温度下老化3天，以模拟岩芯原始润湿性；

② 清洗管线里的原油，消除误差，然后把流程重新接好，在70℃条件下热水驱，直至出口端不出油时结束热水驱；

③ 调整烘箱温度至实验温度（如70～120℃），恒温4h，使岩芯和表面活性剂溶液温度达到预定温度，在该温度条件下进行表面活性剂驱，直至出口端不出油，计算采收率。

4.4.5.2 实验结果与分析

选取18号岩芯先进行70℃热水驱，然后分别在70℃、80℃、90℃、100℃、110℃、120℃条件下进行表面活性剂驱，实验结果如表4-16和图4-36所示。

表4-16 热水驱/表面活性剂复合驱采收率

实验条件	70℃热水	70℃表面活性剂	80℃表面活性剂	90℃表面活性剂	100℃表面活性剂	110℃表面活性剂	120℃表面活性剂
采收率/%	45.45	53.98	54.21	55.12	55.97	56.82	57.39
采收率增加值/%	—	8.53	8.76	9.67	10.52	11.37	11.94

分析实验结果可得，热水/表面活性剂复合驱能明显提高原油采收率。70℃热水驱的采收率为45.45%，在70℃条件下加入表活剂后采收率增加了8.53%，且随着温度的升高，采收率仍略有增加，但增加幅度越来越小。热水驱和与热水驱后表面活性剂驱的采收率增加值，对比结果如图4-36所示。

由表4-16和图4-36可以看出，低渗透油藏热水驱能明显提高低渗油藏原油采收率，而在热水驱后进行表面活性剂驱，即进行热水/表面活性剂复合驱能使采收率进一步提高。其原因可能是随着热水驱温度的升高，原油黏度降低，流度比改善，且高温和表面活性剂使岩石的润湿性改善，有利于残余油的启动和运移，从而降低残余油饱和度，提高原油采收率。

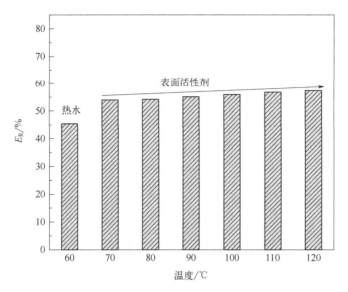

图4-36 热水驱/表面活性剂复合驱采收率增加值对比

4.5 不同驱替方式对采收率的影响

为了分析常规水驱、热水驱、热表面活性剂驱、热水/表面活性剂复合驱不同驱替方式对原油采收率的影响，用19号岩芯在110℃条件下分别测定了不同驱替方式对采收率的影响。实验准备及步骤参照4.4.5.1，实验结果如表4-17及图4-37所示。

表4-17 驱替方式对采收率的影响

驱替方式	常规水驱	热水驱	热表面活性剂驱	热水/表面活性剂复合驱
采收率/%	25.7	30.2	37.8	38.4

由图4-37可以看出，不同的驱替方式对低渗透油藏的驱替效率的影响非常明显，在低渗透油藏中采用热水驱的方法能够极大地提高原油的驱油效率，而在采用热表面活性剂驱和热水/表面活性剂复合驱效果将更加明显，这主要有以下原因。

① 随着水驱温度的升高,岩石表面所附着的胶质等极性物质在高温下溶解

而被解除吸附，岩石开始转向亲水性或亲水性增强，水驱残余油饱和度下降，驱油效率增加。

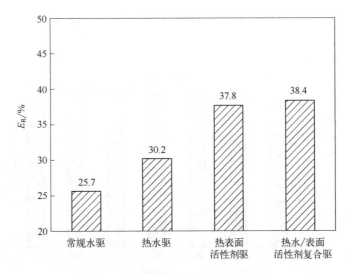

图 4-37　不同驱替方式采收率的对比

② 随着温度的升高，原油的黏度降低非常明显，从而改善了水驱油的驱油效率，增大水驱体积的波及系数，从而提高水驱采收率。

③ 热水中加入表面活性剂，在一定条件下可以形成微乳液，而使注入流体与油之间的界面张力降低甚至消除，使地层中本不能流动的油流动，或使分散在地层中的油聚集起来，形成一个含油饱和度带，将地层中残留下的原油驱替出。

④ 原油是表面活性物质在非极性烃类中的一种溶液。这些表面活性剂总是自发地吸附在液体-固体界面上或液体-液体表面，形成一种膜。这些膜的物理性质与油-水系统的性质相差很大，它们以液膜、固膜或坚膜的形式存在，对油-水界面张力及水驱油的采收率等有显著的影响。而在热水中加入的表面活性剂能够极大地降低油-水的界面张力，从而使残余油饱和度降低，提高原油的采收率。

小结

本章开展了长庆油田超低渗透油藏热水驱物理模拟实验，并且使用填砂管进行了注热水过程中的温度分布和热效率实验研究，得出以下几点结论：

① 与常规水驱对比，热水驱能够大幅度提高原油驱油效率。适合白153超

低渗透油田的注入热水温度为 90～110℃。

②　当注入 PV 数小于 2PV 时，随着注入 PV 数的增加，驱油效率迅速增加。当累积注入 PV 数超过 3PV 后，继续增加注入 PV 数，驱油效率增幅减缓。

③　对于低渗透油藏，原油黏度越低，渗透率越高，越有利于提高热水驱的驱油效率；但对于高渗透轻质油油藏，没有必要进行热水驱。

④　随着注水时间的增加，注入热水的运动特点可以通过填砂管内部轴向温度分布而加以判断。在累计注水一定时间后，温度随距离呈现直线关系，说明温度分布达到稳定状态。

⑤　在轴向等距离点的管外壁温度与内部温度一般相差不大，管外壁温度要比管内温度略低。而且随着注入时间的增加，二者的差值变小，也说明温度分布趋于稳定。

⑥　随着注水时间的增加，热效率降低；在相同的注水时间内，随着注入流量的增加，热效率降低。

⑦　注入流量相同的条件下，随着累计注水量的增加，热效率降低；而累计注水量一定时，注入流量增加，热效率增加。

参考文献

[1] Abass E, Fahmi A. Experimental investigation of low salinity hot water injection to enhance the recovery of heavy oil reservoirs [C]. North Africa Technical Conference and Exhibition. OnePetro, 2013.

[2] 刘均荣，秦积舜，吴晓东. 温度对岩石渗透率影响的实验研究 [J]. 石油大学学报（自然科学版），2001，25（4）：51-53.

[3] 梁冰，高红梅，兰永伟. 岩石渗透率与温度关系的理论分析和试验研究 [J]. 岩石力学与工程学报，2005，24（12）：2009-2012.

[4] Wu, Z B, Liu, H Q. Investigation of hot-water flooding after steam injection to improve oil recovery in thin heavy-oil reservoir [J]. Journal of Petroleum Exploration and Production Technology, 2019, 9: 1547-1554.

[5] 李中锋，何顺利. 低渗透储层非达西渗流机理探讨 [J]. 特种油气藏，2005，12（2）：35-38.

[6] Hoffman B T, Kovscek A R. Light-oil steamdrive in fractured low-permeability reservoirs [C]. SPE Western Regional/AAPG Pacific Section Joint Meeting. OnePetro, 2003.

[7] 吕广忠，陆先亮. 热水驱驱油机理研究 [J]. 新疆石油学院学报，2004，16（4）：37-40.

[8] 谢丽沙，赵升，王奇，等. 超低渗油藏热水驱提高采收率研究 [J]. 科学技术与工程，2012，20（15）：3602-3605.

[9] 王大为，周耐强，牟凯. 稠油热采技术现状及发展趋势 [J]. 西部探矿工程，2008，20（12）：129-131.

[10] Marx J W, Langenheim R H. Reservoir heating by hot fluid injection [J]. Transactions of the AIME, 1959, 216（01）：312-315.

［11］Somerton W H. Some thermal characteristics of porous rocks ［J］. Transactions of the AIME，1958，213（01）：375-378.

［12］Ersoy D. Temperature distributions and heating efficiency of oil recovery by hot water injection ［J］. 1969.

［13］韩洪宝，程林松，张明禄，等. 特低渗油藏考虑启动压力梯度的物理模拟及数值模拟方法［J］. 石油大学学报（自然科学版），2004，28（6）：49-53.

［14］王文环. 特低渗透油藏驱替及开采特征的影响因素［J］. 油气地质与采收率，2006，13（6）：73-75.

［15］王晓冬，郝明强，韩永新. 启动压力梯度的含义与应用［J］. 石油学报，2013，34（1）：188-191.

［16］汪全林，唐海，吕栋梁，等. 低渗透油藏启动压力梯度实验研究［J］. 油气地质与采收率，2011（1）：97-100.

［17］杨琼，聂孟喜，宋付权. 低渗透砂岩渗流启动压力梯度［J］. 清华大学学报（自然科学版），2004，44（12）：1650-1652.

［18］胡峰. 大庆外围低渗透储层启动压力梯度研究［J］. 内蒙古石油化工，2011（8）：216-217.

［19］雷传玲. 低渗透油藏改善开发效果技术对策研究［J］. 科学技术创新，2020（31）：18-19.

［20］许建红，钱俪丹，库尔班. 储层非均质对油田开发效果的影响［J］. 断块油气田，2007，14（5）：29-31.

［21］陈斌，唐恩高，黄波，等. 低矿化度水驱提高原油采收率的机理分析及研究进展［J］. 中外能源，2020，25（6）：39-45.

［22］李斌会，余昭艳，李宜强，等. 聚合物驱相对渗透率曲线测定方法研究进展［J］. 大庆石油地质与开发，2017，36（4）：79-86.

［23］李军营，康义逵，高孝田，等. 河南油田泌 125 区热水驱技术可行性研究［J］. 西部探矿工程，2005，17（6）：73.

5

控制水相流度提高热水驱采收率研究

在三次采油理论与实践过程中，人们认识到水油流度比大是造成石油开采困难的根本原因，降低流度比会大幅度提高原油采收率[1-6]。在控制流度提高采收率技术中，常采用的一种方法是降低原油的黏度，如加入表面活性剂降黏，另外一种方法就是增加水的黏度，如注聚合物驱油。在热力采油工程中，常用的控制热水流度的方法是高温泡沫驱油法，泡沫可以增加驱替流体的黏度，降低其在地层中的流动能力，从而改善流度比，增加驱油效率。根据流度比的定义，除了降低原油黏度和增加水相黏度外，还可以通过降低水相渗透率和增加油相渗透率来降低流度比，提高采收率。而国内外对于后两者的研究较少。本章从降低水相渗透率的角度出发，应用理论分析与室内实验相结合的方法，研究了化学剂通过温度变化而不断结晶溶解的动态变化过程来控制蒸汽冷凝水流度，从而降低水油流度比，达到提高原油采收率的目的。这是一项改善蒸汽驱开发效果新技术的尝试。

5.1　化学剂结晶法控制流度理论分析

5.1.1　形成稳定驱替前缘的条件

假定原油与水之间存在明显的界面，当水前进时油被驱替且油水之间不混合，相 1 驱替相 2，流动假定是一维的，水平面上的倾角为 θ，假定相 1 在前缘后面流动，相 2 在前缘前面流动。由达西定律得：

$$\left(\frac{dP}{dL}\right)_1 = -\frac{V_1\mu_1}{k_1} - \rho_1 g\sin\theta \tag{5-1}$$

$$\left(\frac{dP}{dL}\right)_2 = -\frac{V_2\mu_2}{k_2} - \rho_2 g\sin\theta \tag{5-2}$$

式中　$\dfrac{dP}{dL}$——压力梯度，MPa/cm；

　　　V——渗流速度，cm/s；

　　　k——流体在岩石中的相对渗透率；

　　　ρ——流体密度，g/cm^3；

　　　μ——流体的黏度，mPa·s；

　　　θ——水平倾角，(°)。

　　如果因某种随意扰动导致界面发生小穿透，那么当相 1 内的绝对压力梯度小于相 2 内的绝对压力梯度时，这种穿透深度会加大，此时扰动端的压力将大于相 2 内的压力。产生穿透的条件为：

$$-\left(\frac{dP}{dL}\right)_1 < -\left(\frac{dP}{dL}\right)_2 \tag{5-3}$$

即：

$$\frac{V_1\mu_1}{k_1} - \frac{V_2\mu_2}{k_2} + (\rho_1 - \rho_2)g\sin\theta < 0 \tag{5-4}$$

　　根据守恒原理，在界面不发生相变的情况下，相 1 内的速度是等于相 2 内的速度的。那么稳定流动的条件变为：

$$\frac{\mu_1}{k_1} > \frac{\mu_2}{k_2} \ \text{且}\ \rho_1\sin\theta > \rho_2\sin\theta \tag{5-5}$$

　　在这些条件中，存在着稳定的或不稳定的复杂条件，稳定与否取决于反作用项的大小。如果重力项为 0，即流动是水平的或两相密度相等，则稳定条件为：

$$M = \frac{k_1\mu_2}{k_2\mu_1} < 1 \tag{5-6}$$

如果流度比 M 小于 1，例如当原油黏度小于驱替流体的黏度时，则前缘是稳定的。

即使黏度比项不利，也可用重力项来维持流动的稳定，前提是驱替速度足够低，即满足：

$$V < \frac{-(\rho_1 - \rho_2)g\sin\theta}{\dfrac{\mu_2}{k_2} - \dfrac{\mu_1}{k_1}} \tag{5-7}$$

如果驱替速度高到足以克服重力效应的长度，则有利的流度比能够稳定具有不稳定重力项的驱替。流度比 M 大于 1 的驱替是不稳定的或不利的驱替过程，在该过程中可能出现黏性指进[7]。此时驱替的流体大部分从被驱替流体旁边流过，形成窜流，驱替原油的效率变低，所以说，流度比影响驱替效率，即孔隙中的驱油效率。如果 M 远远大于 1，驱替流体将形成流道通过残余油块，即黏性指进。为获得有效的驱替，应该尽量降低 M 值，通过增加驱替流体的黏度使 M 值变小，或者使被驱替的流体黏度降低；也可以改变有效或相对渗透率，减小驱替相的相对渗透率或增加被驱替相的相对渗透率。

5.1.2 分相流动方程

在水驱油系统中，流动流束中水的分量为：

$$f_w = \frac{q_w}{q_w + q_o} \tag{5-8}$$

式中 f_w——流经岩层某一点的流束中水的分流量；

$\quad\quad q_o$——油的流量，$1\text{cm}^3/\text{s}$；

$\quad\quad q_w$——水的流量，$1\text{cm}^3/\text{s}$。

根据达西定律，利用莱弗里特导出的分流方程式可重新整理方程，得总分相流动方程为：

$$f_w = \frac{1 + \dfrac{k}{u_t}\dfrac{k_{ro}}{\mu_o}\left(\dfrac{\partial P_c}{\partial L} - g\Delta\rho\sin\theta\right)}{1 + \dfrac{\mu_w k_o}{\mu_o k_w}} \tag{5-9}$$

式中 k——地层渗透率，μm^2；

$\quad\quad k_o$——油的有效渗透率，μm^2；

$\quad\quad k_w$——水的有效渗透率，μm^2；

μ_o——油的黏度，Pa·s;

μ_w——水的黏度，Pa·s;

k_{ro}——油的相对渗透率;

u_t——总流速，cm/s;

P_c——毛细管压力，MPa;

L ——沿流向的距离，cm;

g ——重力加速度，980cm/s^2;

$\Delta\rho$ ——水-油密度差，g/cm^3;

θ ——地层倾角，(°)。

该方程包含以下4个不同因素对分相流动的影响:

① 两种流体的黏度比;

② 相对渗透率对饱和度的依赖关系;

③ 重力的作用;

④ 毛管压力项的作用。

现在，假定重力项为0（系统是水平的，$\theta=0°$，两相密度相同，$\Delta\rho=0$），毛管压力可以忽略不计。除前缘周围外，这假设一般是合理的，因为饱和梯度很小。

根据这些假设，分相流动方程可简化为:

$$f_w = \frac{1}{1+\dfrac{\mu_w k_o}{\mu_o k_w}} \qquad (5\text{-}10)$$

若用油和水的相对渗透率来表述，则方程也可表示为:

$$f_w = \frac{1}{1+\dfrac{\mu_w k_{ro}}{\mu_o k_{rw}}} \qquad (5\text{-}11)$$

式中 k_{rw}——水的相对渗透率。

这说明，流动流束中水的分量是两相流相对渗透率之比的函数，它同时还取决于两相黏度的比值，通过检验可以看出，对于特殊饱和度（饱和度固定相对渗透率），原油黏度的增加会增加水的流量[8]。

图 5-1 表示出了在水黏度与油黏度的不同常数比条件下的分流量曲线[9]。由图 5-1 可以看出，在水黏度与油黏度不同常数比条件下，当原油黏度较大时（甚至在含水饱和度比较低或含油饱和度较高时），水流过储层的增长趋势十分明显。因为相对渗透率是温度和含水饱和度的函数，所以对于一套既定的岩石、地层及注水条件来说，水的分流量 f_w 是含水饱和度和温度的函数。

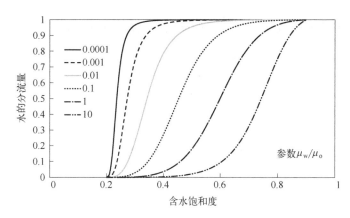

图 5-1 黏度比对水分相流动的影响

5.1.3 Buckley–Leverett 驱替理论

S. E. Buckley 与 M. C. Leverett 提出了一个理论[10]，对用非混相驱油的方法从孔隙基岩中驱替一种流体进行定量描述。该理论引用了这样一个概念，水与正在被驱替的油混合，这样，麦斯盖特模型的界面就变成一个具有不同含水饱和度的带。此概念适用于相对渗透率是饱和度的非线性函数的情况，也适用于有效渗透率是线性函数的情况。

该理论利用了分相流动概念。假定分相流动曲线是可用的并且该曲线代表储层中正在发生的流动过程。该曲线可能不与实验室使用小直径岩芯进行的驱替实验所获得的曲线类似，如流动分层会产生与实验室岩芯驱替实验中发现的流动很不相同的分相流动曲线。

（1）波动前缘的速度

当油从孔隙介质中被水驱替时，前缘经过储层前进。在整个前缘，饱和度剖面发生急剧变化。在前缘前，无水条件下，油流经饱和度为原始束缚水饱和度的储层。在前缘后，水流量恰好足以赶上移动前缘。

前缘地带情况见图 5-2。在时间 dt 内，前缘前进的距离为 dx_f。

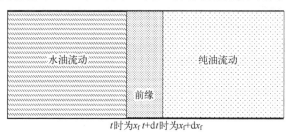

图 5-2 蒸汽驱冷凝水前缘的状态

前缘后水的分相流和前缘后饱和度函数的前缘速度为：

$$\frac{\mathrm{d}x_\mathrm{f}}{\mathrm{d}t} = \frac{q_\mathrm{t}}{A\varphi}\left(\frac{f_\mathrm{wf}}{S_\mathrm{wf} - S_\mathrm{wi}}\right) \tag{5-12}$$

式中　　x_f——前缘位置，cm；

　　　　q_t——液体总流量，cm^3；

　　　　S_wf——前缘含水饱和度，%；

　　　　f_wf——前缘水的分流量，%；

　　　　S_wi——束缚水饱和度，%；

　　　　A——面积，cm^2；

　　　　φ——相对孔隙度。

式（5-12）右侧括号里的项是 S_wf 的函数，如果已知分相流动曲线，那么该项就是已知的。它是把与前缘状态相对应的点与 f_w 和 S_w 曲线上的（S_wi，0）相连接的直线的斜率。

通过画一条切线可以找到该斜率的最大值，其原油驱替资料可以利用图形法求解[11]，如图 5-3 所示。代入式（5-12）可得出波动前缘可以移动的最大速度，它代表了实际形成的波动前缘的状态。该状态下的波动前缘将超过具有不同饱和度的任何前缘。

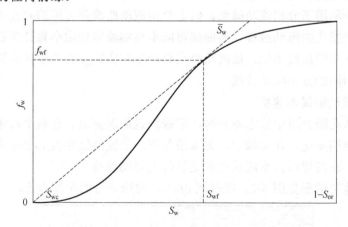

图 5-3　分相流动分析

（2）前缘后的饱和度

从图 5-3 中可以看出，在前缘后，含水饱和度从注入点的 $1-S_\mathrm{or}$ 降至波动前缘处的饱和度。

切点表示驱替前缘含水饱和度 S_wf，当 $f_\mathrm{w}=1$ 时的截距表示突破时前缘的平

均含水饱和度 $\bar{S}_w$。

稳定单元体内的饱和度一般具有随时间发生变化的趋势，因为从单元体流出的流束浓度不同于流入的流束浓度，它正在被油所消耗。

$$\left(\frac{x}{t}\right)_{S_w} = \left(\frac{\partial x}{\partial t}\right)_{S_w} = \frac{q_t}{\varphi A} \times \frac{df_w}{dS_w} \tag{5-13}$$

上式被称为Buckley-Leverett方程。该方程说明，固定饱和度平面前进的速度与平均流体速度和饱和度的乘积成正比。式中右侧的微分系数是分相流动曲线的斜率，即：

$$\frac{df_w}{dS_w} = \frac{V\varphi A}{q_t} \tag{5-14}$$

式中 V——饱和度为 S_w 的前缘速度，cm/s。

（3）突破时的采收率

根据突破时采出原油的孔隙体积计算突破时的原油采收率，原油采收率为采出原油量与原始原油地质储量之比，即：

$$E_R = \frac{\bar{S}_w - S_{wi}}{1 - S_{wi}} \tag{5-15}$$

式中 E_R——原油采收率，%；

$\bar{S}_w$——平均含水饱和度，%。

5.1.4 加入化学剂后驱替前缘发生的变化

在注热水的过程中，随着热损失及油层内的热传递，温度是逐渐降低的。在蒸汽驱过程中，随着蒸汽的不断推进，其干度逐渐降低，最后冷凝为热水，因此可以用热水驱代替蒸汽驱过程。对于一个水平的、线性的两相热水驱过程，温度和含水饱和度的可能分布情况见图5-4。

根据热水驱过程中的温度变化，可分为热区、过渡区和冷区，过渡区可以用不连续分布作为一次近似，且作为热水驱的温度前缘。在温度前缘前，温度 $T \approx T_0$，在前缘后 $T \approx T_1$，$T_1 > T_0$，两者都是常量。忽略毛管压力不计，利用莱弗里特导出的分流方程表示分流量 f_w，可以认为其是温度和饱和度的函数，见式（5-16）。

$$f_w(S_w, T) = \frac{1}{1 + \dfrac{k_{ro}\mu_w}{k_{rw}\mu_o}} \tag{5-16}$$

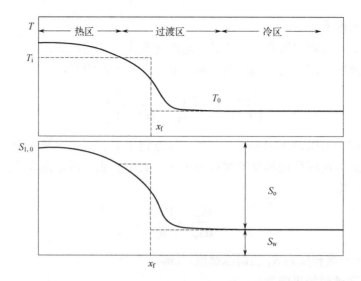

图 5-4　热水驱替过程中温度和含水饱和度的可能分布

由于前缘前和前缘后的温度不同，所以分相流动的曲线不同，水黏度与油黏度比对分相流动曲线的影响为：水黏度与油黏度比越大，水的分流量越小。而影响黏度比的重要因素是温度。已知 $T_1 > T_0$，可以得出不同含水饱和度下水的分流量的比较，用下式表示：

$$f_w(S_w, T_0) = f_w^{(0)}(S_w) > f_w^{(1)}(S_w) = f_w(S_w, T_1) \tag{5-17}$$

式中，上标（0）代表在恒温 T_0 的函数；（1）代表在恒温 T_1 的函数。在同一时间，温度前缘对应一个不连续的饱和度。温度前缘在热侧平均饱和度可通过图 5-5 确定。

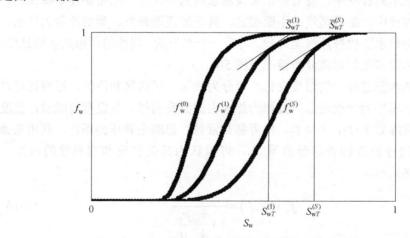

图 5-5　$f_w^{(0)}$、$f_w^{(1)}$、$f_w^{(S)}$ 函数曲线

函数 $f_w^{(1)}$ 切线的斜率为：

$$m = \frac{V\phi A}{q_t} = \frac{V\phi}{u} \qquad (5\text{-}18)$$

式中 V——前缘速度；

   u——渗流速度，可用 q_t/A 来表示。

切点为 $S_{wT}^{(1)}$，切点与 $f_w=1$ 的交点为平均饱和度 $\overline{S}_{wT}^{(1)}$，$\overline{S}_{wT}$ 表示温度前缘后水的饱和度。

（1）对渗透率的影响

根据油水分流理论，孔隙介质中两相流体在非混相渗透情况下，湿润相与非湿润相占据不同的位置，湿润相优先占据小孔隙和大孔隙的近壁部位，而非湿润流体占据大孔隙的中心[12-15]，即油、水通过孔隙网络中不同的孔道位置流动。化学剂随热水注入，到达温度前缘并随着温度的降低逐渐从水中结晶出来。油水分流表现在某一相按照自己的特定渗流通道流动。在多孔介质中，水和油通过不同的渗流孔道流动，由于化学剂是亲水的，优先侵入并占据了水的渗流通道，抑制了水的流动，有效降低了水相渗透率；但是油的渗流通道几乎没有变化，所以对油相渗透率影响很小。

为了表征水相渗透率的减小程度，在这里引入残余阻力系数（residual resistance factor，RRF）的概念，其定义为化学剂控水处理前、后的岩芯渗透率之比，是一个无量纲数[16]。残余阻力系数体现控水前后岩芯渗透率的变化，表征了化学剂降低多孔介质渗透率的能力，是衡量化学剂对多孔介质封堵能力的重要指标。水相渗透率减小的程度（水相残余阻力系数）主要取决于化学剂的饱和度 S_A。这里我们用 $RRF(S_A)$ 表示水相残余阻力系数，其值越大，说明化学剂降低水相渗透率的效果越好。化学剂的加入与相对渗透率的关系可以用下式表示：

$$RRF(S_A) = \frac{k_{rw}(S_w)}{k_{rw}^*(S_w, S_A)} \geqslant 1 \qquad (5\text{-}19)$$

对于热水前缘，流度比为前缘两侧的压力梯度比：

$$M = \frac{\left(\dfrac{\partial P}{\partial x}\right)_{x_T+dx}}{\left(\dfrac{\partial P}{\partial x}\right)_{x_T-dx}} \qquad (5\text{-}20)$$

根据达西定律，存在 $u_w=uf_w$，也就是说可以表示为热水前缘两侧的流度比，即：

$$M = \frac{f_{wT}^{(0)}}{f_{wT}^{(1)}} \times \frac{k_{rwT}^{(1)}}{k_{rwT}^{(0)}} \times \frac{\mu_{wT}^{(0)}}{\mu_{wT}^{(1)}} \tag{5-21}$$

前缘前后的分式值基本没有差别，在任何情况下，下列关系式均成立：

$$1 > \frac{f_{wT}^{(0)}}{f_{wT}^{(1)}} > 0.8 \tag{5-22}$$

因此，式（5-21）可近似表示为：

$$M \approx \frac{k_{rwT}^{(1)}}{k_{rwT}^{(0)}} \frac{\mu_{wT}^{(0)}}{\mu_{wT}^{(1)}} \tag{5-23}$$

加入化学剂后，流度比为：

$$M^s = \frac{k_{rwT}^{(1)}}{\mathrm{RRF}(S_A) k_{rwT}^{(0)}} \frac{\mu_{wT}^{(0)}}{\mu_{wT}^{(1)}} = \frac{M}{\mathrm{RRF}(S_A)} \tag{5-24}$$

相应地，水相残余阻力系数也可以用于近似评价流度比的变化程度。随着化学剂的加入，流度比降低，有利于驱替前缘的稳定。

（2）对驱替效率的影响

根据 Bueckley-Leverett 理论，温度前缘一经突破，热水驱替就停止。此时的驱替效率为 $E_R^{(1)}$。若注入化学剂，将改变两相相对渗透率的比值，在图 5-5 中表现为前缘后的曲线发生改变，见图 5-5 中的 $f_w^{(S)}$。根据式（5-16）重新整理得下式：

$$f_w(S_w, T_1, S_A) = \frac{1}{1 + \dfrac{\mathrm{RRF}(S_A) k_{ro} \mu_w}{K_{rw} \mu_o}} = f_w^{(S)}(S_w) \tag{5-25}$$

f_w 的上标（S）表示在恒温 T_1 和物质的饱和度 S_A 条件下的函数。因为 RRF $(S_A) > 1$，所以：

$$f_w^{(S)}(S_w) \leqslant f_w^{(1)}(S_w) \tag{5-26}$$

等号仅适用于 $S_A = 0$ 的情况。图 5-5 中绘出了具有斜率为 m 的 $f_w^{(S)}$ 的切线。驱替效率利用下式表示：

$$E_R^{(S)} = \frac{\overline{S}_{wT}^{(S)} - S_{wi}}{1 - S_{wi}} \tag{5-27}$$

由于，$S_{wT}^{(S)} > S_{wT}^{(1)}$；

所以，$E_R^{(S)} > E_R^{(1)}$。

通过上面的式子可以得出,化学剂的加入降低了蒸汽冷凝水的相对渗透率,改善了油水两相的流度比,最终达到了提高原油采收率的目的。

5.2 控制水相渗透率化学剂 MA 简介

5.2.1 控制水相渗透率化学剂筛选原则

根据 5.1 的理论分析可知,本章研究的新型化学剂是通过降低水相渗透率来达到控制驱替前缘热水流度的目的。将化学剂以溶解或蒸发的状态随热水或蒸汽注入油藏。随着热流体的连续注入,溶解在热水中化学剂不断向前推进,由于热流体的推进速度要比温度前缘的推进速度大得多,所以化学剂能够到达并且穿过温度前缘。由于温度前缘前方的温度小于温度前缘的温度,在温差的作用之下,化学剂的溶解度骤然降低,因而能够析出并且形成一个物质带。在该物质带中,化学剂主要结晶在热水驱替的孔隙中,这主要是因为化学剂具有溶于水不溶于油的特性。这导致水的相对渗透性明显减小,而油相渗透率并不受影响,从而使流度比得到改善,驱油效率增加。

由于热流体的不断注入,温度前缘继续向前扩展,结晶物质将重新升华或溶解,所以,由化学剂结晶引起的水相渗透率的减小是暂时的和可逆的。同时,溶解的化学剂再次被输送到温度前缘前方,再次冷凝析出结晶。因此,在油藏中的温度前缘,发生着化学剂结晶以及渗透率减小、化学剂升华或再溶解和渗透率降幅减弱的重复变化过程。

因此,可用于热水驱的降低水相渗透率化学剂的性能要求如下:

① 在溶解性能方面,此化学剂应具有可溶于热水,不溶或微溶于冷水,在原油中不溶解且在冷水中溶解度很低的特性。溶解度会随温度的变化而发生明显改变;

② 此化学剂熔点高,可保证在注入的高温热水中其物态不发生变化;

③ 在油藏环境中,具有物理和化学稳定性,不与油层内的物质发生反应;

④ 在注热水开发油藏条件下,此化学剂具有结晶能力,以达到减小水相渗透率、改善流度比、控制流度的目的;

⑤ 考虑化学剂应用的实用性,该化学剂应该无毒,对人体无害;

⑥ 为经济高效开采稠油,此化学剂应具有经济性和供应稳定性。

为满足上面提到的化学剂应具备的性质,在筛选现有化工产品时,主要对各种化学物质以下几个方面进行考察:

① 温度在 200～300℃ 范围内,在蒸馏水中的溶解度;

② 熔点和高温高压条件下熔点的变化；

③ 高温下，结晶力以及结晶的形式；

④ 高温水热条件下，化学稳定性和热稳定性；

⑤ 在十氢化萘和四氢化萘等有机溶剂中的溶解度；

⑥ 在盐水中的溶解度；

⑦ 固相密度；

⑧ 蒸汽压力。

按照上述提到的条件，在几百种化工产品中进行筛选，选定了 MA 为用于蒸汽驱中控制水相渗透率，改善流度比的化学剂。

5.2.2　MA 的性质

三聚氰胺，又叫 MA（melamine），是一种三嗪类含氮杂环有机化合物，重要的氮杂环有机化工原料。MA 部分理化性质[17]见表 5-1。

这里需要特别强调 MA 的熔点，因为在本文的研究中，它起着至关重要的作用。常压下，MA 的熔点为 354℃（分解），急剧加热则会升华，升华温度为 280～300℃，快速降温则会结晶，例如 320℃左右的 MA 混合液淬冷降温至 180～220℃时，会有大量 MA 结晶析出，工业上常用此性质分离 MA、NH_3 和 N_2。还需要特别提出的是 MA 的溶解性，其在水中的溶解度随温度的升高而增大，20℃时 MA 的溶解度为 0.32g/100cm³ 左右（微溶于冷水），100℃时为 5.0g/100cm³（溶于热水）。极微溶于热乙醇，可溶于甲醇、甲醛、乙酸、热乙二醇、甘油、吡啶等，不溶于丙酮、醚类。

表 5-1　MA 的部分理化性质

物质名称	MA
分子式	$C_3N_6H_6$
结构式	
分子量	126.15
物质类型	有机
相态	固态，无味
性状	纯白色单斜棱晶体

熔点	354℃，急剧加热则分解
密度	在 20℃时，1578kg/m³
蒸气压	在 20℃时，4.7×10⁻⁸Pa
酸碱性	弱碱（pH 值=8）
燃点	大于 600℃
水溶性	20℃，3.3g/L
土壤中的吸附	程度很小，吸附常数为 53

5.2.3 MA 的工业合成

MA 最早是李比希于 1834 年合成，早期合成使用双氰胺法：由电石（CaC₂）制备氰胺化钙（CaCN₂），氰胺化钙水解后二聚生成双氰胺，再加热分解制备 MA。目前因为电石的高成本，双氰胺法已被淘汰[18]。工业合成主要以尿素为原料，尿素以氨气为载体，硅胶为催化剂，在 380～400℃温度下沸腾反应，先分解生成氰酸，并进一步缩合生成三聚氰胺。其反应式为：

$$6CO(NH_2)_2 \longrightarrow C_3N_6H_6 + 6NH_3 + 3CO_2$$

生成的三聚氰胺气体经冷却捕集后得粗品，然后经溶解，除去杂质，重结晶得成品。尿素法生产三聚氰胺每吨产品消耗尿素约 3800kg、液氨 500kg。

按照反应条件不同，三聚氰胺合成工艺又可分为高压法（7～10MPa，370～450℃，液相）、低压法（0.5～1MPa，380～440℃，液相）和常压法（＜0.3MPa，390℃，气相）三类。国外三聚氰胺生产工艺大多以技术开发公司命名，如德国巴斯夫（BASF process）、奥地利林茨化学法（chemical Linz process）、鲁奇法（Lurgi process）、美国联合信号化学公司化学法（Allied Signal Chemical）、日本新日产法（Nissan process）、荷兰斯塔米卡邦公司（DSM）法等。这些生产工艺按合成压力不同，可基本划分为高压法、低压法和常压法三种工艺。目前世界上技术先进、竞争力较强的主要有日本 Nissan 法和意大利 Allied-Eurotechnica 的高压法、荷兰 DSM 低压法和德国 BASF 的常压法。

中国三聚氰胺生产企业多采用半干式常压法工艺，该方法是以尿素为原料，0.1MPa 以下，390℃左右时，以硅胶做催化剂合成三聚氰胺，并使三聚氰胺在凝华器中结晶，粗品经溶解、过滤、结晶后制成成品[19]。

5.3 MA 控制流度物理模拟实验研究

5.3.1 MA 降低水相渗透率实验

（1）实验设备与材料

实验装置流程如图 5-6 所示。

实验使用天然岩芯；模拟地层水作为驱替液体；MA 为分析纯，上海化学试剂站试剂厂生产，分子量为 126.12。

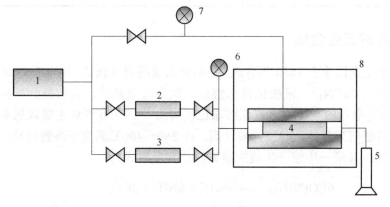

图 5-6　降低水相渗透率实验装置示意图

1—恒流泵；2—中间容器（地层水）；3—中间容器（MA）；

4—岩芯夹持器；5—量筒；6—压力表（流压）；7—压力表（围压）；8—恒温箱

（2）实验步骤

① 岩芯在使用前经干燥，测长度，直径，称干重，然后抽真空5h，饱和模拟地层水后，测湿重，计算岩芯孔隙体积；

② 关闭驱替阀门，打开围压阀门，用恒流泵给岩芯施加围压，围压应高于模型入口压力 2MPa，关闭围压阀门，使围压保持稳定；

③ 打开驱替阀门和注入地层水有关的阀门。设定恒流泵压力为 0.1MPa，流速为 1mL/min。打开恒流泵注入地层水，直到压力表上显示的压力稳定、流速稳定并且与设定值相符，记录 5 组压力值和流速值，用于计算处理前的水相渗透率；

④ 开启恒温箱，根据不同实验方案，将模型加热到实验温度，并保持围压稳定。当恒温箱温度到达设定温度后，恒温 5h 以上。然后以恒定速度将一定量 MA 注入岩芯中。为了促使物质以固态形式析出，保证孔隙中达到所需物质的

饱和度，将岩芯冷却至室温放置 24h。重复③步骤，计算温度降低后水相渗透率，并与处理前水相渗透率相比较，根据下式计算水相残余阻力系数。

$$RRF_w = \frac{k_{wa}}{k_{wb}} \qquad (5-28)$$

式中　RRF_w——水相残余阻力系数；

　　　k_{wa}——化学剂处理前水相渗透率，μm^2；

　　　k_{wb}——化学剂处理后水相渗透率，μm^2。

（3）实验结果与分析

在油藏地质条件中，MA 降低水相渗透率的能力和渗透率变化的可逆性是本节考察的重点。为了验证 MA 在多孔介质中的结晶封堵和再溶解能力，本节用岩芯实验模拟多孔介质环境，对注入 MA 前后水相残余阻力系数变化进行考察。

① MA 的结晶封堵能力评价

首先评价 MA 在多孔介质中的结晶封堵能力，MA 使水相渗透率降低的程度。将岩芯放入岩芯夹持器内，在一定压力下，分别加热到150~240℃，注入0.5~2.0PV 的 MA 溶液。不同注入量下，温度对水相残余阻力系数的影响见图 5-7。考虑到温度的变化对渗透率有一定影响，进行了不加入 MA 情况下的对比实验，实验数据指出，温度的升高会使渗透率有微量的增加，所以实验将这种变化忽略。

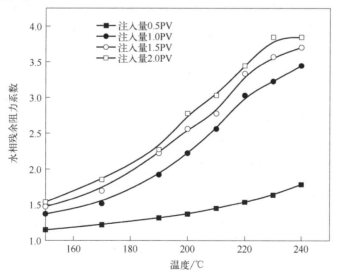

图 5-7　不同注入量下温度与水相残余阻力系数的关系

从图 5-7 中可以看出，水相残余阻力系数随温度和注入量的增加而增加，即注入 MA 使水相渗透率随温度和注入量的增加而减小。这是因为：

a. 随着温度的升高，MA 在水中的溶解度增大，热水中溶解 MA 的量增加，即热水能够携带输送到温度前缘的物质增加，另外从实验温度降至室温，温度越高，降温幅度越大，会促进 MA 加速结晶析出，所以增加了水相残余阻力系数，岩芯阻止水相渗流的能力增加，水相渗透率降低。可见，温度是化学剂结晶法降低水相渗透率的重要影响因素。

b. 注入的 PV 数高，能够保证向温度前缘输送的 MA 的量，确保 MA 在前缘能够充分结晶，因而水相残余阻力系数增大。

由图 5-7 还可以看出，低温时，温度对水相残余阻力系数的影响较大，随着温度增加，水相渗透率降低幅度比较大，当 220℃后，水相残余阻力系数增幅逐渐变缓；当 MA 溶液的注入量较低（0.5PV），水相残余阻力系数随温度的增加而增大，但曲线较平缓，没有较大幅度的变化，而当注入量为 1PV 以上时，水相残余阻力系数增加幅度变大。因此，为保证 MA 结晶降低水相渗透率的实验效果，注入量应该大于 1PV，注入温度应高于 220℃。

② 降低水相渗透率的可逆变化

MA 是通过高温溶解和低温结晶实现对储层的封堵作用，当温度及溶剂这两个重要制约因素发生变化时，这种结晶封堵是存在可逆性的。为了验证加入 MA 后岩芯渗透率变化的可逆性，设计了以下实验：分别从低于和高于初始注入温度的方向进行实验。首先取两个物性相似的岩芯，分别在 170℃下用 MA 饱和，降温后测量水相渗透率，将其中一个岩芯加热至 100℃，并且注入 1～2PV 100℃热水，降温后测量水相渗透率并计算水相残余阻力系数；之后将温度上升到 150℃，再注入 1～2PV 150℃热水，测其水相渗透率并计算水相残余阻力系数。其次，将另外一个岩芯加热至 190℃，注入 1～2PV 190℃热水，降温后测量渗透率及计算水相残余阻力系数，之后将温度升到 220℃、240℃重复上述实验。实验结果见表 5-2。

表 5-2 渗透率减小的可逆性

岩芯编号	注入温度/℃	注入水的 PV 量	实验前水相渗透率/×10⁻³μm²	实验后渗透率/×10⁻³μm²	水相残余阻力系数
1	170	—	581	383	1.52
	100	1	383	442	1.31
		2	442	501	1.16
	150	1	501	512	1.13
		2	512	540	1.08
2	170	—	526	337	1.56
	190	1	337	494	1.06
		2	494	505	1.04

岩芯编号	注入温度/℃	注入水的 PV 量	实验前水相渗透率/×10⁻³μm²	实验后渗透率/×10⁻³μm²	水相残余阻力系数
2	220	1	505	500	1.05
		2	500	515	1.02
	240	1	515	510	1.03
		2	510	520	1.01

从表 5-2 中数据可以看出，当注入热水的温度低于 170℃时，水相渗透率变大，水相残余阻力系数逐渐减小；随着注入温度和注入量的增加，水相渗透率继续向原始水相渗透率恢复，但变化趋势缓慢。在 170℃时，经 MA 处理后的两个岩芯水相残余阻力系数分别为 1.52 和 1.56。对岩芯 1，当注入 100℃热水后，水相残余阻力系数由 1.52 降低到 1.16，水相渗透率由 $383 \times 10^{-3} \mu m^2$ 增大到 $501 \times 10^{-3} \mu m^2$，说明 MA 结晶后残留在岩芯孔隙后，再注入热水会溶解孔隙中的 MA，使其逐渐失去堵塞岩芯孔隙、降低水相渗透率的作用。对岩芯 2，当温度增加到 190℃，超过了原始结晶温度 170℃，水相渗透率已接近原始渗透率 $526 \times 10^{-3} \mu m^2$，水相残余阻力系数接近 1，说明此时对水相渗流的残余阻力已接近于 0。并且注入的温度越高、注入量越大，水相残余阻力系数就越接近于 1，水相渗透率就越接近原始水相渗透率。实验结果证明 MA 对水相渗透率的降低具有可逆性，可以通过改变温度和注入溶剂量来解除其对地层的封堵作用，减弱水相的渗流阻力。但若想保持这种降低水相渗透率的效果，必须考虑到这种可逆变化。

5.3.2　室内模拟驱油实验

（1）实验准备

实验用岩芯为人造岩芯，选用标准矿物石英、钾长石、斜长石、白云石、方解石、高岭土、蒙脱石、绿泥石共 8 种矿物，按照齐 40 块储层岩石分析结果进行配制，规格为 2.5mm×10cm，孔隙度为 24.1%～26.6%，渗透率为 1510×10^{-3}～$1570 \times 10^{-3} \mu m^2$。

实验用油为齐 40 块的脱气原油，50℃下黏度为 4150mPa·s，其黏度随温度变化的关系曲线见图 5-8。配制 5%NaCl、2%$CaCl_2$ 的盐水，用来模拟地层水。

模拟驱油实验装置系统由蒸汽发生系统、注入系统、模型系统、采出计量系统、数据采集系统、恒温循环水系统、自动控制系统、微机系统以及辅助部件等组成。

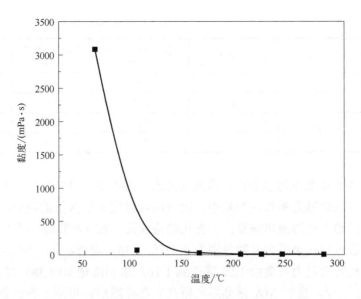

图 5-8　齐 40 块脱气原油黏度随温度变化的关系曲线

实验所用的设备主要有：蒸汽发生器、注入泵、岩芯夹持器、油气水自动计量系统等，实验装置见图 5-9。

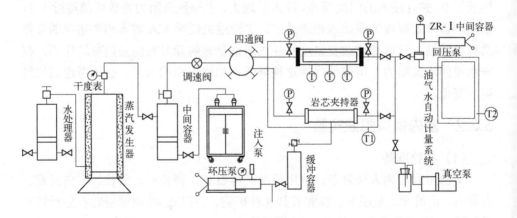

图 5-9　MA 结晶能力评价实验装置

室内模拟驱油实验主要评价了蒸汽驱过程中 MA 改善前缘蒸汽冷凝水流度的效果，并研究了不同温度下 MA 对热水驱的驱替效率的影响。

（2）实验步骤

① 实验之前，需用 10MPa 的压力对流程系统进行试压，1h 压力降小于 0.05MPa 为合格。

② 将制备好的称重岩芯放入岩芯夹持器，抽真空达到 133.3Pa 后，再连续抽空 2～5h，然后饱和实验用水，根据岩芯的吸水量，计算岩芯孔隙体积和孔隙度。

③ 岩芯饱和好水后，测 100%水饱和度时岩芯的水相渗透率，然后，升温至实验温度并恒温 5h。

④ 打开实验仪器，开动给水泵，从旁通放出盘管体积 1.5 倍的油后关旁通，打开岩芯入口阀门，再开岩芯出口阀门，用 3～5 倍孔隙体积的原油驱替岩芯中的饱和水，建立束缚水饱和度。为了确保达到束缚水条件，待压差平稳后，再驱替 1.0～1.5PV，同时测定束缚水条件下岩芯油相渗透率。

油相渗透率计算公式：

$$k_o(S_{wi}) = 1.013 \times 10^{-1} \frac{Q_o \mu_o L}{A \Delta P} \tag{5-29}$$

式中　$k_o(S_{wi})$——岩芯束缚水条件下的油相渗透率，μm^2；

　　　　Q_o——注入油的速度，cm^3/s；

　　　　μ_o——实验用油的黏度，$mPa \cdot s$；

　　　　L——岩芯长度，cm；

　　　　A——岩芯横截面积，cm^2；

　　　　ΔP——岩芯两端的压差，MPa。

⑤ 油相残余阻力系数测定实验：注入 MA 饱和溶液，降温后用油驱替岩芯，当岩芯两端的压差恒定时，记录岩芯两端的压差，计算油相端点渗透率及油相残余阻力系数。油相残余阻力系数计算公式为：

$$RRF_o = \frac{k_{oa}}{k_{ob}} \tag{5-30}$$

式中　RRF_o——水相残余阻力系数；

　　　　k_{oa}——化学剂处理前油相渗透率，μm^2；

　　　　k_{ob}——化学剂处理后油相渗透率，μm^2。

⑥ 热水驱实验：关闭原油进口阀门，开动给水泵，将水引到岩芯入口，同样从旁通放出盘管体积 1.5 倍的水，然后关闭旁通阀，再开岩芯入口阀，接着开岩芯出口阀，进行水驱油实验，出口计量无水期产油量及适当时间间隔的产油、产水量和压差等。不同温度下热水驱过程中岩芯出口端设置的回压应要保持高于实验温度条件下的水的饱和蒸汽压力 0.5～1.0MPa。

⑦ 当含水率达到98%以上，且压差稳定后，开始测定残余油条件下的水相有效渗透率，结束实验。

⑧ 整理数据，计算驱油效率。

驱油效率计算公式：

$$E_D \frac{\sum_{i=1}^{n}(q_{oi}/\rho_o)}{S_{oi}V_p} \times 100\% \qquad (5-31)$$

（3）实验结果与讨论

① 油相残余阻力系数测定实验。选取水测渗透率相近的岩芯进行实验，在 240℃下将 MA 饱和溶液注入岩芯，分别降温至 220℃、200℃、180℃、160℃，按实验步骤进行实验。实验结果见表 5-3。

表 5-3　不同实验温度下注 MA 前后油相残余阻力系数

岩芯编号	孔隙度/%	渗透率/×10⁻³μm²	实验温度/℃	注 MA 前油相渗透率/×10⁻³μm²	注 MA 后油相渗透率/×10⁻³μm²	油相残余阻力系数
3	25.3	1540	220	859	851	1.009401
4	26.4	1500	200	802	798	1.005013
5	24.1	1560	180	773	762	1.014436
6	26.4	1530	160	915	901	1.015538

从表 5-3 可以看出，注入 MA 前后不同温度的油相残余阻力系数都接近 1，说明 MA 在地层孔隙中结晶对油相渗流的阻力几乎维持在原始水平，结合 5.3.1 节的实验结果，MA 在多孔介质中结晶后，水相残余阻力系数增加，油相残余阻力系数几乎不变，可以看出 MA 具有堵水不堵油的特性。在 5.1.3 节的理论分析中，提出了用水相残余阻力系数近似评价流度比的变化，这种情况只有在化学剂堵水不堵油的情况下才是正确的。通过本节实验，说明提出的这种近似是符合事实的。综上所述，MA 结晶法使油相残余阻力系数保持不变，水相残余阻力系数大幅度增加，结果导致水油流度比减小，有利于驱油效率的增加。

② 热水驱油实验。MA 结晶控制的是热水的流度，根据辽河油田齐 40 区块现场试验情况，热水带温度范围在 60～200℃。因此，热水带驱油效率实验选择的注入热水温度为 60℃、100℃、160℃、200℃。实验结果见图 5-10。

由图 5-10 可以看出，在热水带中，不同温度的热水驱驱油效率是不一样的。最低的为 60℃热水驱，其他依次为 100℃、160℃和 200℃。随着注水温度的升高，岩芯的驱油效率增加，200℃热水驱驱油效率比 60℃热水驱驱油效率提高了 4.5%。

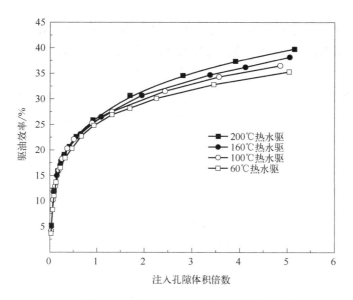

图 5-10　热水驱驱油效率关系曲线

在 200℃注入化学剂 MA 饱和溶液后，温度分别降至 160℃、60℃，为了保持 MA 结晶封堵效果，以该温度下 MA 饱和溶液进行驱替，实验结果见图 5-11 和图 5-12。

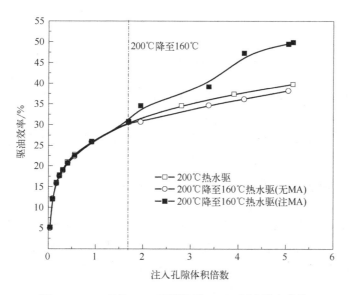

图 5-11　200℃注 MA 后降温至 160℃驱油效率曲线

由图 5-11 和图 5-12 可以看出，200℃下注热水和注 MA 饱和溶液的实验初期驱油效果基本一致，这是因为温度没有发生改变，MA 仍溶解在热水中，其驱油效果完全等同于该温度下的热水驱。随着温度的降低，MA 提高驱油效率的作用逐渐显现出来。当温度由 200℃降低至 160℃时，注 MA 饱和溶液的岩芯的驱油效率为 49.9%，比单纯 200℃热水驱高 10.1%，比相同条件下（先 200℃热水驱 1.7PV，再转 160℃热水驱至驱替结束）的驱油效率高 11.7%。当温度由 200℃降低至 60℃时，注 MA 饱和溶液的岩芯的驱油效率为 37.1%，其效果介于 200℃热水驱（39.8%）和 60℃热水驱（35.3%）之间。

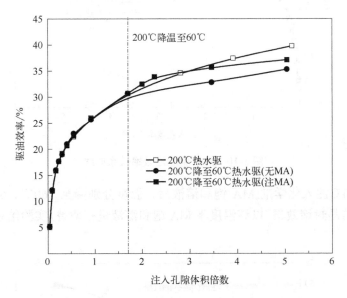

图 5-12　200℃注 MA 后降温至 60℃驱油效率曲线

MA 能提高驱油效率的原因主要是，高温驱替流体中溶解了大量的 MA，MA 随驱替流体进入孔道。温度降低后 MA 的溶解度降低，在充满流体的孔隙中析出了部分晶体，起到了封堵岩芯孔隙的作用，抑制了水的指进，使油水流度比得到一定的改善，提高了驱油效率。MA 具有堵大不堵小、堵水不堵油的特性，可有效地使驱替流体进入低渗透率岩芯驱油，能使注入流体发生转向，改善波及体积，提高稠油采收率。

温度的下降应该从两方面影响热水驱油效率：一方面是温度降低导致稠油黏度升高，使水油流度比增大，降低驱油效率；另一方面是温度降低使 MA 结晶析出，降低水相渗透率，使水油流度比降低，有利于增加驱油效率。驱油效率或增或减，主要看哪一因素起主导作用。温度从 200℃降低至 160℃时，降温幅度较小，对稠油黏度并无太大影响，却有大量的 MA 结晶析出，堵塞岩芯孔隙，降低水相渗透率，因而使驱油效率大幅度增加。而温度从 200℃降低至 60℃时，降温幅度较大，此时虽然有更多的 MA 结晶析出，但稠油黏度急剧回升，使 MA 增加驱油效率的作用变得不明显，与 60℃热水驱相比驱油效率仅提高 1.8%。

5.4　MA 控制流度现场施工参数设计

5.4.1　预处理液

MA 在弱酸性的溶液中的溶解度要大于在蒸馏水及碱性溶液中的溶解度[20]，为了增加 MA 在井底的溶解度，可以适当提前注入酸液，进行井底附近油层的改造。处理半径 1m 左右即可。

5.4.2　MA 的注入浓度

在蒸汽驱过程中，要使 MA 能够充分发挥改善流度比的作用，必须保证注入 MA 的浓度，以确保有足够的物质在驱替前缘结晶，另外还要考虑到 MA 降低水相渗透率的可逆性（见 5.3.1 节）。所以先注入浓度为 C_1 的高浓度溶液，再注入浓度为 C_0 的低浓度溶液，MA 的分布如图 5-13 所示。

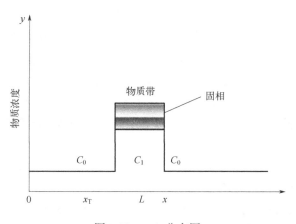

图 5-13　MA 分布图

根据室内实验结果，MA 在齐 40 油藏水中的溶解度低于蒸馏水中的溶解度，这可能是由于油藏水中的离子减弱了 MA 的溶解性，使溶解平衡发生了变化。在油藏水条件下，其溶解度随温度变化的拟合关系为：

$$S=0.26-0.01164T+2.73214\times10^{-4}R^2 \tag{5-32}$$

式中　S——MA 在油藏水中溶解度，g /100g；

　　　T——温度，℃；

R^2——相关系数，0.998。

所以在注蒸汽过程中随着蒸汽首先注入地层的饱和溶液的浓度为：

$$C_1 = \frac{S(T_1)}{100 + S(T_1)} \times 100\% \qquad (5\text{-}33)$$

式中　$S(T_1)$——井底温度为 T_1 时 MA 的溶解度，g/100g；

　　　T_1——井底温度，℃。

齐 40 块推荐 MA 质量浓度 C_1=0.01%。而低浓度溶液 C_0 的计算较为复杂，要考虑温度前缘的变化，推荐取一系数，令 C_0=η C_1，η 取 0.6~0.7 之间的数。

5.4.3　注入速度

根据室内实验结果，高注入速度会驱替出较多的 MA，弱化其对水相渗透率的降低作用，因此现场注入速度应采用低速注入，一般以不超过 80t/d 为宜。低注入速度亦可在一定程度上抑制驱替过程中沿高渗层的窜流及指进现象。

小结

① 理论推导了形成蒸汽驱稳定驱替前缘的条件为流度比小于 1，并在分析分相流动方程与 Buckley-Leverett 驱替理论的基础上，研究了化学剂结晶法对稠油热采采收率的影响，加入化学剂后蒸汽驱驱替前缘发生了有利于提高采收率的变化，提出了"化学剂结晶前后水油流度比可以用水相残余阻力系数的变化来表示"这一创造性思路，大大简化了室内实验测量与计算的工作量。

② 提出了结晶法控制蒸汽冷凝水流度的化学剂的筛选原则，介绍了筛选出的化学剂 MA 的性质及工业合成方法。

③ 开展了 MA 降低水相渗透率实验和室内模拟驱油实验，实验结果表明，水相残余阻力系数随温度和注入量的增加而增加，为保证 MA 降低渗透率的效果，注入量应该大于 1PV，注入温度应高于 220℃。MA 对水相渗透率的降低具有可逆性，随着注入温度的升高，可逐渐解除 MA 对水相渗透率的影响。油相残余阻力系数测定实验结果表明，注入 MA 前后不同温度的油相残余阻力系数都接近 1，说明 MA 具有堵水不堵油的特性。驱油实验结果表明，当温度由 200℃ 降低至 160℃ 时，注 MA 饱和溶液的岩芯的驱油效率为 49.9%，比单纯 200℃ 热水驱高 10.1%，比 160℃ 热水驱的驱油效率高 11.7%。当温度由 200℃ 降低至 60℃ 时，注 MA 饱和溶液的岩芯的驱油效率为 37.1%，其效果介于 200℃ 热水驱和 60℃ 热水驱之间。

④ 对现场施工参数进行了设计，注入前应以酸液预处理半径 1m 左右，首

先注入浓度为 0.01%的 MA 溶液（以水当量计算），再注入浓度为 0.006%~0.007%的 MA 溶液进行驱替，现场采用低速注汽，注入速度不超过 80t/d。

参考文献

[1] 李玮龙，王喜梅，孙颖，等．三次采油不同驱替方式下驱油效率研究 [J]．石油化工应用，2020，39（7）：23-27．

[2] 赵平起，蔡明俊，武玺，等．复杂断块油田二次开发三次采油结合管理模式的创新实践 [J]．国际石油经济，2019，27（5）：79-84．

[3] 束青林，郑万刚，张仲平，等．低效热采/水驱稠油转化学降黏复合驱技术 [J]．油气地质与采收率，2021，28（6）：10．

[4] 蒋平，葛际江，张贵才，等．稠油油藏化学驱采收率的影响因素 [J]．中国石油大学学报（自然科学版），2011，35（2）：166-171．

[5] 陈斌，唐恩高，黄波，等．低矿化度水驱提高原油采收率的机理分析及研究进展 [J]．中外能源，2020，25（6）：39-45．

[6] 杨胜来．油层物理学 [M]．北京：石油工业出版社，2004．

[7] 刘文涛，王洪辉，王学立，等．多层非均质低流度油藏稳油控水技术研究与应用 [J]．成都理工大学学报（自然科学版），2008，35（5）：517-522．

[8] 郭长会，何利民，辛迎春．稠油掺稀输送中掺稀比的优化 [J]．油气储运，2015，34（4）：388-390．

[9] 段国兰，秦钰波，张婉萍，等．油包水包油型多重结构乳状液稳定性的影响因素研究 [J]．化学世界，2020，61（8）：548-556．

[10] Buckley S E，Leverett M C．Mechanism of fluid displacement in sands [J]．Transactions of the AIME，1942，146（01）：107-116．

[11] 冯丞．改变"原油"黏度对驱替方向与驱替效率关系的验证 [J]．中国石油和化工标准与质量，2014（6）：263．

[12] 王玉环．基于油水分流原理的密闭取心饱和度校正方法 [J]．科学技术与工程，2014（9）：39-43．

[13] 刘永建，胡忠益，管宪莉．萨中油田油水同层开发界限研究 [J]．特种油气藏，2010（2）：63-65．

[14] 王怒涛，陈强，张万博．水驱气藏废弃压力和地质储量算法修正 [J]．大庆石油地质与开发，2017（5）：98-101．

[15] 刘升虎，贾政委，刘国权．三相流测量气液分离系统的改进 [J]．清洗世界，2019（1）：4-5．

[16] 李斌会，余昭艳，李宜强，等．聚合物驱相对渗透率曲线测定方法研究进展 [J]．大庆石油地质与开发，2017，36（4）：79-86．

[17] Stolz A，Le Floch S，Reinert L，et al．Melamine-derived carbon sponges for oil-water separation [J]．Carbon，2016，107：198-208．

[18] 蒋蓉，伍玲．双氰胺渣中有害成分的研究及处理 [J]．粉煤灰，2007，19（6）：32-34．

[19] 刘小忠，彭展英．三聚氰胺生产技术及应用分析 [J]．广东化工，2007，34（11）：73-74．

[20] 徐佩，黄龙峰，李瑞忠．不同 pH 的三聚氰胺水溶液溶解性能研究 [J]．安徽化工，2008，34（6）：23-24．

6

稠油油藏蒸汽驱后热水驱技术研究

辽河油田中深层稠油油藏蒸汽驱先导试验区1987年以蒸汽吞吐方式投入开发,为了探索吞吐后有效的开发方式,1998 年 10 月,开展了 4 个 70m 井距蒸汽驱先导试验。试验区历经多年的蒸汽驱规模化工业化开发,取得了较好效果,蒸汽驱特征明显,为大规模转驱积累了经验,提供了很好的指导作用。目前先导试验区已经进入蒸汽驱开发阶段的后期,日产油下降明显,油汽比已经低于经济极限油汽比 0.15,暴露出多数生产井突破、产油量低、油汽比低、经济效益差等问题,高注入与低产油的矛盾日益突出,为进一步提高采收率和改善开发经济性,必须开展改善蒸汽驱后期提高采收率技术研究。热水驱是接替蒸汽驱开采稠油的有效技术之一,国内外开展的项目均为浅层稠油蒸汽驱后续热水驱调整方式,在中深层稠油油藏中开展此类研究尚鲜见报道。

6.1 蒸汽驱后热水驱提高采收率机理

蒸汽吞吐、蒸汽驱、热水驱及火烧油层是基本的热采方法。使用最广泛的是蒸汽吞吐和蒸汽驱方法。热水驱的缺点是热水的含热量太少,不能作为有效的热载体把热量带入油藏;火烧油层是油藏中产生热量的一种有效方法,但由于其过程的复杂及难以控制,极大地限制了该方法的广泛应用。对于一般渗透率级别的油田,从理论上讲,循环注蒸汽(蒸汽吞吐)的采收率一般只有 3%~10%,而蒸汽驱的采收率可达 70%,热水驱介于两者之间。

热水驱基本上是一种非混相驱替原油的过程。注热水比注常规水提高稠油采收率的主要原因是提高地层温度和降低原油黏度，其提高稠油油藏采收率的机理在于[1-5]以下几个方面。

（1）降低黏度和改善流度比

温度升高一般会引起油水黏度比减小，对于稠油该比值降低更加显著。在这种情况下，Buckley-Leverett 驱替理论清楚地表明，即使在含油饱和度和相对渗透率没有改变的情况下，升高温度也能引起水的前缘推进速度降低，提高水突破时油田的采收率。

（2）残余油饱和度的变化及相对渗透率的改变

实验证明，当温度增加时，残余油饱和度显著降低。一般情况下，温度增加会引起相对渗透率向有利的方向改变。

（3）液体和岩石的热膨胀

注热水必定会引起原油和岩石的热力学膨胀，这对于地层压力的恢复起到一定的作用，从而提高原油采收率。

（4）可以防止高黏油带的形成

蒸汽驱替高黏油一个突出的技术难题是，被高温蒸发降黏的原油不断积聚，地层中形成一个特殊的高含油饱和度油带。这个"油带"在向油井流动过程中逐渐冷却，原油黏度升高，形成不流动油带，导致地层正常驱替渗流通道被堵塞，蒸汽驱方案失败。

热水驱对油层加温比较缓慢平和，不形成高含油饱和度油带堵塞地层。近年来国外通常利用热水驱在油层中建立正常的驱替油流和热流通道，然后逐步提高注汽温度，由热水驱平稳过渡到蒸汽驱[6-7]。因此，对于采出程度较低的稠油油藏，采用热水驱作为油藏热驱的起点是较为稳妥的油田开发方案。

对于一个注蒸汽热采油藏，随着油田逐渐到达蒸汽驱后期，产油量下降，油汽比逐渐达到亏损点。这时就要考虑是否继续进行蒸汽驱。低油汽比通常标志着大部分热量滞留在了地层岩石和近井的流体中，并且远离注入井的一些热量只在油藏中循环而对原油的采收率没有影响。如果蒸汽驱一直进行下去直到开采过程结束，这些留在岩石和流体中的热量将被浪费。因此，有必要找到一种方法来最大限度地应用这部分热量。根据国外成熟的开采经验，蒸汽驱和热水驱都是利用残余热量的有效方法，而显然水驱是更好的选择，因为水更经济并且有更高的比热容。

蒸汽驱转热水驱可以达到以下几个目的：

① 可以大量节省燃料和蒸汽发生器的开支，降低稠油热采成本；

② 注入的热水重新充填了蒸汽驱过后的岩石孔隙，减少了沉降和蒸汽冷

却后原油由于压降往回运移的程度；

③ 由于蒸汽的超覆作用，在蒸汽驱过程中，油藏上部得到了很好的驱替，残余油饱和度降低到了一定程度，而在油层下部却未得到很好的动用，注入热水可波及油藏未受到气体波及的底部，当热水通过注汽加热带时，被加热并且在自身重力的影响下向下移动，由此将热量带到下面的波及区，从而改善了蒸汽驱开发效果；

④ 在蒸汽驱后期，产出水携带了地层大量残余热量而变得温度很高，这些水是可以利用的热源，通过适当的处理，这些热水可以回注到油层或者可以用来生产蒸汽，这样就可以进一步减少燃料的消耗。

6.2 蒸汽驱后热水驱物理模拟实验研究

6.2.1 实验准备

为使实验研究结果与实际相吻合，根据辽河油田蒸汽驱试验区地层的矿物组成、粒度中值、渗透率和孔隙度等油层物性参数制作了室内物理模型。实验所用水为取自现场的回注污水，经在室内静置升温后使用。为了消除原油脱水过程中所用化学剂对原油性质的影响以及对实验所造成的误差，所用原油取自试验区油井，并经室内密闭恒温静置脱水和电脱水器中进行再次脱水两道程序后，使原油含水率达到 0.3%。

驱油过程中原油黏度是影响驱油效率的主要因素，由于地面脱气原油的黏度大于地层中含气原油黏度，为了保证驱替过程中驱替相和被驱替相黏度的比例关系，对脱气原油进行处理，即将所取净化原油与脱蜡航空煤油进行复配，使实验所用模拟油黏度与地层含气原油黏度相等。

6.2.2 实验步骤

① 将模型接入饱和油流程，根据温度设置出口回压和环压。回压应高于该温度下水的饱和压力 0.3～1.0MPa，环压应高于模型入口压力 2.0～3.0MPa。然后加热模型至地层温度，以恒定的低速将实验用油注入岩芯进行油驱水建立束缚水。当压差稳定后，适当提高注入速度继续驱替 1.0～2.0PV 后结束，记录此时的压差及从岩芯中驱替出的累计水量，计算岩芯原始含油饱和度。

② 岩芯冷却至油藏温度后，用微量泵将 200℃蒸汽注入岩芯中。当压力达到 17MPa 时停止注蒸汽，使整个体系保持在 17MPa 下，放置 24h 后（相当于蒸汽吞吐的闷井过程），打开注入端阀门及放样口阀门，油样会在自身压力的作

用下从注入端流出，即模拟蒸汽作用下吞吐过程的一个周期。记录下驱出油量，即相当于一个吞吐轮次的采油量，按照上述过程，重复进行蒸汽吞吐流程，至采收率25%后转为蒸汽驱。

③ 蒸汽驱时，回压设定略低于该温度下水的饱和压力，确保整个驱替过程为蒸汽驱。环压应高于模型入口压力2.0～3.0MPa。然后加热模型至设定驱油温度，在模型两端建立不小于饱和油时的压差，按确定的驱油速度进行驱替，同时记录时间、产油量、产液量、进出口压力、压差及温度参数。见水初期应加密记录，随着产油量的不断下降，逐渐加长记录的时间间隔。

④ 蒸汽驱驱油效率达到齐40块蒸汽驱先导试验区实际平均值（约60%），按照实验方案转入热水驱实验。热水驱油实验中，首先关闭原油进口阀门，开动给水泵，将水引到岩芯入口，同样从旁通放出盘管体积1.5倍的水，然后关闭旁通阀，再开岩芯入口阀，接着开岩芯出口阀，进行水驱油实验，出口计量无水期产油量及适当时间间隔的产油、产水量和压差等。不同温度下热水驱过程中岩芯出口端设置的回压应要保持高于实验温度条件下的水的饱和蒸汽压力0.5～1.0MPa。

岩芯孔隙介质实际上是由许多不同孔径的微管道组成的一个复杂的毛细管系统。在水驱过程中，必须使注入流体的惯性力克服毛管力，使毛管力相对于惯性力来说很小时，才能得到稳定的接近实际的结果。

对于蒸汽驱，注入速度的要求是：

$$V \geqslant 2V_p \tag{6-1}$$

式中 V ——实验温度条件下的蒸汽的体积流量，cm^3/min；

V_p ——岩芯的孔隙体积，cm^3。

对于热水驱，注入速度的要求是：

$$L\mu_w v \geqslant 1 \tag{6-2}$$

式中 L ——岩芯长度，cm；

μ_w ——实验温度下注入流体的黏度，mPa·s；

v ——渗流速度，cm/min。

⑤ 当含水率达到98%以上且压差稳定后结束实验。

⑥ 实验数据处理，计算驱油效率和含水率。

驱油效率计算公式：

$$E_D = \frac{\sum_{i=1}^{n}(q_{oi}/\rho_o)}{S_{oi}V_p} \times 100\% \tag{6-3}$$

含水率计算公式：

$$f_w = \frac{q_{wi}}{q_L} \times 100\% \qquad (6-4)$$

式中 E_D——驱油效率；

        q_{oi}——瞬时产油量，g；

        ρ_o——实验用油密度，g/cm^3；

        S_{oi}——岩芯含油饱和度；

        q_{wi}——瞬时产水量，cm^3；

        V_p——岩芯孔隙体积，cm^3；

        q_L——瞬时产液量，cm^3；

        f_w——含水率。

6.2.3 实验结果与讨论

蒸汽吞吐后转蒸汽驱的实验结果见表 6-1。

表 6-1 蒸汽吞吐后转蒸汽驱的实验结果

岩芯编号	模型规格/cm	孔隙度/%	渗透率/$\times10^{-3}\mu m^2$	含油饱和度/%	蒸汽驱采收率/%
1	2.5×20	29.52	1312	69.7	59.68
2	2.5×20	29.53	1358	69.9	59.94
3	2.5×20	30.01	1433	70.1	60.72

设计了三种接替蒸汽驱的实验方案：Ⅰ.继续蒸汽驱；Ⅱ.转为 180℃热水驱；Ⅲ.转为水汽交注，实验结果见表 6-2。

由表 6-2 中数据可以看出，当蒸汽驱采收率达到 60%左右后，如果继续蒸汽驱，采收率提高量为 4.42%，转水汽交注采收率提高量为 3.76%，转热水驱后采收率提高量为 2.99%，三种驱替方式的最终采收率相差不大，而在现场厚层稠油油藏条件下，蒸汽驱达到突破阶段，由于蒸汽重力超覆和气窜的影响，继续持续注蒸汽驱替效率会下降，而比之实验模拟条件，厚层油藏条件更利于注热水以有效地动用未被蒸汽波及的下部油层。并且，热水驱成本较低，通过热焓值计算，1t 180℃热水的耗油量仅为干度为 75%蒸汽的 27%（表 6-3），这样可以有效地节约注入成本，提高油汽比，实现经济效益最大化。

综合考虑，认为蒸汽驱后转注热水是进一步提高热采开发效果的有力措施。

表6-2　不同驱替方案的采收率

方案	蒸汽驱后转驱方式	蒸汽驱阶段采收率/%	转热水驱阶段采收率/%	总采收率/%
Ⅰ	继续蒸汽驱	59.68	4.42	64.10
Ⅱ	转热水驱	59.94	2.99	62.93
Ⅲ	转水汽交注	60.72	3.76	64.48

表6-3　产生不同介质（均为1t时）的燃油量

注入介质	干度75%蒸汽	180℃热水	100℃热水
燃油量/t	0.070	0.019	0.007

6.3　试验区蒸汽驱后热水驱潜力分析

6.3.1　试验区剩余油分布研究

　　针对蒸汽驱后期剩余油分布零散实际，研究过程中，利用多项动、静态监测资料进行了对比分析（图6-1），在数模结果与微地震测试、新井测井、动态监测资料吻合较好的前提下，按照监测资料一致性的原则，利用相关公式推算出没有吸汽剖面注汽井的小层吸汽比例[8-11]。吸汽百分比与无量纲地层系数具有相关性，符合油层渗透率高、厚度大、吸汽比例高的规律，依据吸汽比例确定各小层的动用程度，对非均质油藏蒸汽驱后平面、层内、层间的剩余油分布规律进行了分析，描述出蒸汽驱后各小层剩余油分布，进而对剩余油分布形成了量化成果，明确了下一步开发潜力。

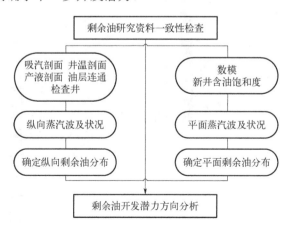

图6-1　蒸汽驱后期剩余油研究思路

（1）层内剩余油分析

利用均质模型进行数值模拟研究发现,不同厚度的油层剩余油分布呈现出不同规律,油层厚度大于 5m 的主力吸汽层,蒸汽突破后,由于蒸汽超覆作用导致下部存在大量剩余油;油层小于 5m 的吸汽中等小层,整体动用得较好,层内剩余油分布相对均匀,含油饱和度一般小于 20%。统计油层总厚度为 273.5m,其中单层厚度大于 5m 的厚度为 82.5m,占 30.2%,这些层位油层下部剩余油分布明显。可以应用的调整方式包括:"热水驱"——高温热水驱替下部油层;厚层底部剩余油可通过降低干度、降低注汽速度、间歇注汽等方式来动用。

（2）层间剩余油分析

受到储层纵向非均质性、沉积相带分布等原因的影响,造成单层储层物性吸汽比例差,统计油层总厚度为 273.5m,物性差、吸汽比例低的油层,厚度为 50.3m,占总厚度的 18.4%(图 6-2),这些层位具有进一步的挖掘潜力。

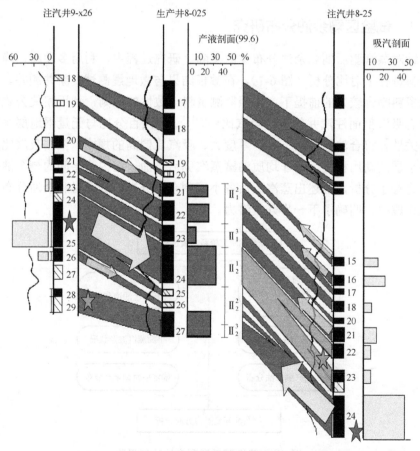

图 6-2　物性差对吸汽比例影响

纵向蒸汽超覆造成射孔井段下部吸汽差,剩余油相对富集,这些吸汽差层占总厚度的 28.6%(表 6-4)。连通较好的区域可以考虑分层注汽,高温调剖封堵高渗层,加大低渗层吸汽量;热水驱利用地层余热,进一步实现对下部油层的驱替;改变注采井网等调整手段来加大对物性较差层的进一步驱替。

表 6-4 先导试验下部吸汽差层统计表

试验区	所处部位	层数	不吸汽厚度/m	不吸汽比例/%
先导	Ⅱ$_2^5$、Ⅱ$_2^6$	8	25.5	28.6

(3)平面剩余油分布

试验区数值模拟研究表明,注汽井附近 20~40m 范围内饱和蒸汽带剩余油饱和度一般小于 20%,靠近生产井周围高温热水带饱和度一般为 30%~35%,蒸汽波及差区域生产井井间含油饱和度能够达到 40%左右。可以采用"注采井网调整"(包括转反五点、生产井转注或打破原井网)来增加动用差部位的蒸汽波及程度。

(4)小层剩余油计算

通过对试验区 11 个井组的数值模拟研究,结合实际监测资料的分析,对平面、纵向剩余油分布都有了进一步的了解,从试验区的具体情况出发,摸索出一套蒸汽驱后剩余油统计方法,具体计算方法如下:

① 分别计算吞吐及蒸汽驱阶段单井累产油;

② 统计吞吐阶段生产井及蒸汽驱阶段注汽井的吸汽剖面,计算各小层的吸汽比例;

③ 确定主力吸汽层、吸汽差层及不吸汽层;

④ 结合数模、驱油效率确定出各小层的产量劈分系数,蒸汽驱阶段系数还要考虑不同阶段的蒸汽超覆作用以及边井和角井的差异,适当增加上部吸汽层和边井的劈分系数,同时还利用齐 40-检 2 井动用特点校正各小层的劈分系数;

⑤ 绘制出转驱前后各小层累产油等值图;

⑥ 计算各小层剩余油分布,计算结果见表 6-5。

表 6-5 莲Ⅱ小层剩余油分布统计表

小层	原始储量/×10⁴t	吞吐采出程度/%	驱前 S_o	蒸汽驱采出程度/%	吞吐+蒸汽驱采出程度/%	剩余地质储量/×10⁴t	目前 S_o	检2井岩芯分析 S_o
Ⅱ$_1^1$	10.6	16.7	0.73	25.5	42.2	6.1	0.5	0.45
Ⅱ$_1^2$	14	27.5	0.58	38.5	66.0	4.8	0.27	0.32

续表

小层	原始储量/×10⁴t	吞吐采出程度/%	驱前 S_o	蒸汽驱采出程度/%	吞吐+蒸汽驱采出程度/%	剩余地质储量/×10⁴t	目前 S_o	检2井岩芯分析 S_o
II_1^3	14.7	28.8	0.55	37.5	66.3	5	0.26	0.31
II_2^4	14.4	31	0.5	35.6	66.6	4.8	0.24	0.29
II_2^5	15.9	26.5	0.48	32.1	58.6	6.6	0.27	0.3
II_2^6	16.4	12.6	0.59	19.8	32.3	11.1	0.46	0.4
平均值	86（合计）	23.85	0.57	31.5	55.3	38.4（合计）	0.33	0.34

　　小层剩余油统计和对比结果显示，目前先导试验区莲 II 油层组各小层均有剩余油分布，上部莲 II_1^1 小层和下部莲 II_2^6 小层剩余油相对富集，统计结果与实际取心资料相吻合。

6.3.2　先导试验区转热水驱的可行性

　　热水驱是一种最简单的热采方法，其设计与常规水驱相差不大，但是较高温度的热水驱也增加了工艺难度，目前使用这种方法开采稠油油藏的例子较少。刘文章教授认为，对于净总厚度比较小的互层状稠油油藏，蒸汽驱热损失大，经济效益逐渐变差，当原油黏度较小时，应用热水驱开发。同时，通过调研了解到国外 Ten-Pattern 试验区[12]蒸汽驱后转热水驱取得了较好的效果（图 6-3）。该试验区蒸汽驱开发 9 年后转为热水驱生产，热水驱初期注水量是汽驱阶段的

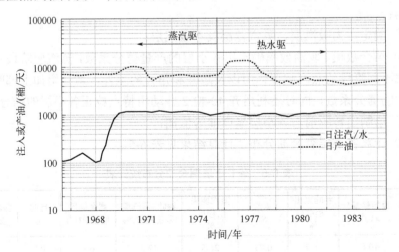

图 6-3　Ten-Pattern 试验区生产曲线

2 倍,主要是为了保持并恢复压力,1 年后,注水量又下调至原蒸汽驱阶段水平,热水驱阶段与蒸汽驱阶段相比产油量平稳,持续 8 年的时间。所以先导试验蒸汽驱后,也可以尝试进行热水驱开采。

目前的油层动用状况适宜注热水开发,剩余油在各层均有分布,主要分布于油层下部(莲Ⅱ$_2^5$、莲Ⅱ$_2^6$)以及动用较差的角井部位,具有一定的物质基础。同时,纵向蒸汽超覆作用造成射孔井段下部吸汽差。由于汽、水重力差异原因,与注汽开发相比,注热水开发更易于实现对下部以及难以动用储层的驱替作用,进而改善开发效果。同时,热水驱能够充分利用地层已经形成的余热,注汽井周围地层平均温度高达 240℃。蒸汽驱井组加热半径较大,与其邻近的生产井已建立了热连通,蒸汽驱井加热半径可以达到 70～150m,地层中较多的残余热量为下一步的注水开采提供了有力保障。

6.4 蒸汽驱后热水驱油藏工程优化设计

6.4.1 油藏工程设计原则

① 以提高采收率实现经济效益最大化为目的进行优化设计;

② 注入油层水体温度要保证在易于原油流动的临界温度之上;

③ 注水量设计合理,既要维持地层压力,又要防止水窜;

④ 要充分考虑到稠油蒸汽驱后注水与常规普通稠油注水的差异性,其差异主要表现在以下三方面:

a. 与普通稠油注水不同,而且需要利用蒸汽驱阶段已经形成的温度场,保持一定的油藏温度温和注水,温度要高于原油流动的临界温度,这样才能起到既利用又不破坏地下温场的效果;

b. 蒸汽驱阶段地下蒸汽腔已经大范围形成,蒸汽带遇水后收缩,初期压力必然有一个明显的下降过程,所以与普通稠油注水不同,地层压力要经过一个先下降后上升的过程;

c. 常规普通稠油注水需要采用高注入来维持地层压力在饱和压力之上,而蒸汽驱后水驱只需要保持蒸汽驱阶段的压力水平即可,维持低压开采。

基于这三点差异,在热水驱注采系统设计上也要进行针对性的研究和设计。

6.4.2 注水温度优选

对国内外稠油注水开发进行了调研[13-16],黏度界限一般小于200mPa·s(表6-6),通过室内模拟研究,以及数值模拟研究也表明,原油黏度越低,水驱驱油效率越高（图6-4），所以注水温度必须控制在黏度界限以上。

表 6-6　不同地区水驱采收率情况

油田	地层原油黏度/（mPa·s）	水驱采收率/%
冷43	58～200	18.6
羊三木	102	22.4
孤岛	20～130	30
东威明顿	5～150	34.9

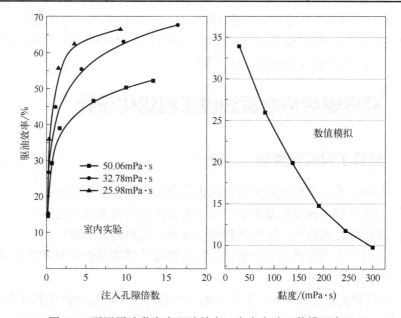

图 6-4　不同原油黏度水驱油效率（室内实验、数模研究）

以200mPa·s作为适宜水驱的黏度界限，根据区块最新黏温关系（图6-5），确定井底注水温度应高于120℃，这样才能够保证原油具有较好的流动性，达到驱替的目的，按照井筒热损失计算，在注入速度为100t/d条件下，井口温度应达到150℃。

利用数值模拟技术，对不同注水温度进行了研究，预测结果表明，当油藏注入水温度低于120℃时，地下温场收缩较快，采收率低。当油藏注水温度为150℃时，可以有效地延长生产时间，而且保证一定的采油速度，提高最终采收率，折算油汽比也可以达到0.3以上，若再继续升高井底注水温度，增油空间有限（表6-7），且加大了投资成本，因此确定合理井底注水温度为150℃，折算到地面，井口注水温度应达到180℃。

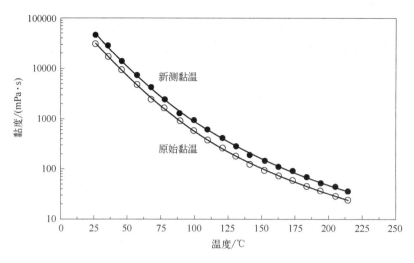

图 6-5 先导试验不同阶段黏温曲线

表 6-7 先导试验不同注水温度下产量对比

注水温度/ ℃	生产时间/ 年	阶段产油/ ×10⁴t	阶段注入/ ×10⁴m³	阶段采收率/ %	最终采收率/ %	折算油汽比
50	3.5	2.6	44.6	3.02	59.22	—
100	6.2	4.8	78.4	5.58	61.78	0.286
150	8	7.68	101	8.93	65.13	0.355
200	8.2	7.72	103.5	8.98	65.18	0.326

数值模拟研究显示，目前先导试验温度场大部分区域温度均高于100℃，对应黏度在100mPa·s以下的区域占80%以上。选择150℃的注水温度进行热水驱，既可以充分利用蒸汽驱阶段油藏中的存热，还可以保证原油黏度一直处于界限值以上。

6.4.3 合理注采比及注水量确定

水驱注水量的确定需要结合目前的压力水平和含水情况，既要保证一定的驱替能量，又要防止其过早地进入高含水状态开采，设计思路如下：

① 根据稠油水驱特点，以及目前含水状况，确定合理的产液量；

② 根据产液量，确定合理的压力水平，而且要考虑到初期注水后地层压力的下降，以及压力恢复所需的时间；

③ 根据目前合理的压力水平计算合理注采比；

④ 根据注采比，确定注水量。

按照以上思路对水驱注采系统进行了设计，首先对不同区块水驱特点进行了分析，发现稠油水驱无量纲产液指数随含水增加而快速上升。含水80%以后，无量纲产液指数一般在2.0以上（表6-8）。

表6-8　典型稠油区块无量纲产液指数对比

油藏	原油黏度/(mPa·s)	含水率/%					
		20	40	60	80	90	95
羊三木	102	1	1	1.4	1.7	2.5	4.2
孔店	73	1.1	1.3	1.9	3.5	5	8.5
冷43	58～200	1.2	1.4	2.1	3.8	5.5	9.5
齐40	150	1	1.3	1.6	2.5	3.5	6.3

利用油藏工程方法，根据无量纲产液指数可以计算出在目前含水85%条件下，初期合理产液量应为16m³/d。

先导试验区目前含水85%，实际产液量为15m³/d，油藏压力在3.2MPa，生产压差为2.0MPa。说明目前压差可满足液量要求。因此合理压力水平保持在目前的水平即可，在维持注采平衡的条件下，初期注水量应在85t/d左右，但是由于注水初期汽腔收缩压力下降，此生产压差难以满足产液量要求，所以应适当加大注水量来满足排液要求。

在设计过程中对采用高注采比2∶1注水来快速恢复压力进行了研究，数模结果显示，高注采比导致含水快速上升，而油量增幅并不明显，仅2年的时间含水就达到95%，高注采比导致水体快速侵入，造成过早水窜，很难实现驱替剩余油的目的，从而形成无效注水。

为了防止高注入而产生水体的快速侵入，需要在保证注采平衡前提下，进行温和注水。数值模拟研究发现，蒸汽驱井组转注热水后，因蒸汽腔收缩，引起地层压力下降，下降幅度为0.33MPa左右，同时液量也相应减少。根据油藏工程方法计算，以目前的产液状况为基准，注采比为1.2∶1时（即注水速度为100t/d），一年内可以恢复到原来压力水平。同时产液水平也将有所提高，按照注采平衡关系，继续水驱，注水速度也应该维持在100t/d左右，随着地层压力趋于平衡，产液量也逐渐趋于稳定，热水驱后期平均单井产液量为20t/d。

6.4.4　注水层段优选

目前剩余油主要分布于下部油层以及部分低渗层，可以考虑封堵部分动用较好的气窜层，进行选择性注水，筛选出部分层位进行封堵。从数模产量预测来看，两种注水方式阶段产油量基本相近（表 6-9），考虑到选择性注水需要一定的工作量，现场实施难度较大，而且生产效果与笼统注水基本相近，所以本次热水驱开发莲Ⅱ蒸汽驱层段保持不变，采取笼统方式注水。

表 6-9 不同注水方式产量对比

注水方式	生产时间/年	阶段产油量/×10⁴t	阶段注水量/×10⁴m³
选择性注水	8	7.56	116.8
笼统注水	8	7.68	116.8

6.4.5 注水时机确定

利用数值模拟技术，对目前开始热水驱和晚一年实施热水驱两种注水时机进行了对比研究，二者阶段生产时间均为 8 年，其产量基本相近，从经济效益对比看，目前开始热水驱较晚一年开始热水驱油汽比可提高 0.09（表 6-10），相当于可节约燃油量近 7000t。同时，为了尽快获得蒸汽驱阶段后期的调整经验，建议尽快转注热水开发。

表 6-10 不同注水时间产量对比

注水时机	生产时间/年	阶段产油量/×10⁴t	阶段注（汽）水量/×10⁴m³	折算油汽比
现在注水	8	7.68	101.0	0.35
延迟 1 年注水	8	7.72	101.89	0.26

6.5 实施方案部署及指标预测

6.5.1 部署原则

依据调整的目的性和方向性，在实施过程中主要依据以下几点原则，对实施方案进行部署。

① 以实现经济效益最大化为目标，尽量减少投资；
② 注采系统立足目前的井网井距；
③ 根据蒸汽驱后的油藏特点进行针对性注水设计；
④ 现场实施要具有可操作性和便捷性。

6.5.2 部署结果

从试验区的实际情况出发，根据目前研究结果，结合从现场了解的情况综合考虑，本次部署首先从 3 个井组开始实施热水驱，其中包括扩大试验区 1 个井组（9-x027），主要考虑该井组邻近先导试验井组，转驱前受到先导试验的影响，生产情况一直较差，所以该井组也应尽早实施热水驱，具体部署结果如表 6-11 和图 6-6。

表 6-11　试验区转热水驱部署结果

井别	井数	井号
注水井	3	8-x27、9-x26、9-x027
生产井	18	7-026、7-027、7-27、8-025、8-026、8-027、8-261c、8-281c、9-025、9-026、9-25、9-g27、10-g26、9-281、9-028、10-x28、10-27、10-027
观察井	2	观 23、观 24

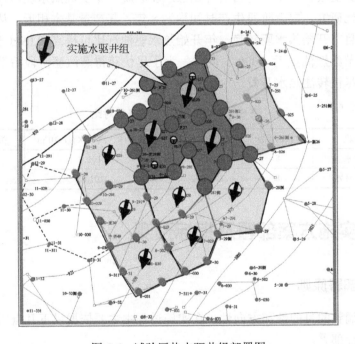

图 6-6　试验区热水驱井组部署图

6.5.3　注采系统设计

（1）注汽干度及注水温度设计

为防止先导试验之前形成的蒸汽腔遇水后突然冷却收缩，温度、压力急剧下降，所以在实施热水驱前，设计将注汽干度进行逐月递减 20%，来逐步利用地下存热，第 4 个月开始，注汽干度为 0%、井口温度为 180℃ 的热水（表 6-12）。

表 6-12 注汽干度、温度优选结果

时间	注汽干度（井口）	温度要求
第 1 个月	55%	270℃
第 2 个月	35%	270℃
第 3 个月	15%	270℃
第 4 个月	0%	180℃
第 5 个月	0%	180℃
……	0%	180℃

（2）合理注水速度确定

考虑到蒸汽驱后注水与常规普通稠油注水的差异性，确定先导试验井组宜采用温和注水方式，低压开采，同时，考虑各井组的储量和剩余油分布规律，以及蒸汽驱阶段的注采情况，实施热水驱的 3 个注汽井平均单井组配注为 100t/d，注汽阶段（3 个月）和注热水阶段配注量保持一致，具体配注见表 6-13。

表 6-13 注水速度优选结果

井组	注水（汽）量/（t/d）
8-x27	120
9-x26	95
9-x027	85

（3）注水层段和注水时机确定

根据目前先导试验区的剩余油在各层均有分布这一实际情况以及现场操作的便捷性，设计注水层段与先前的蒸汽驱注汽层段保持一致，进行莲Ⅱ油层全井段热水驱。同时，为了尽早节省成本，提高油汽比，并尽快获得水驱的开发经验，在现场允许的情况下，建议应该尽早进行注汽干度的逐月递减，递减开始后的第 4 个月开始实施干度为 0%，注水温度为 180℃热水驱。

6.5.4 开发指标预测

转热水驱 3 个井组包括 8-x27、9-x26、9-x027。预计 3 个井组热水驱开发 8 年（表 6-14），阶段注水 $8.76×10^5$t，阶段产油 $5.92×10^4$t，阶段产液 $7.86×10^5$t，阶段平均含水 92.29%。平均产油水平见图 6-7。

表 6-14　试验区热水驱指标预测

时间/年	年注水量/×10⁴m³	年产油量/×10⁴t	年产液量/×10⁴m³	含水率/%
1	10.95	0.93	8.0	88.41
2	10.95	0.88	8.8	89.97
3	10.95	0.82	9.7	91.52
4	10.95	0.76	10.4	92.71
5	10.95	0.71	10.4	93.19
6	10.95	0.66	10.4	93.67
7	10.95	0.61	10.4	94.15
8	10.95	0.55	10.4	94.72
合计	87.6	5.92	78.5	92.29（平均值）

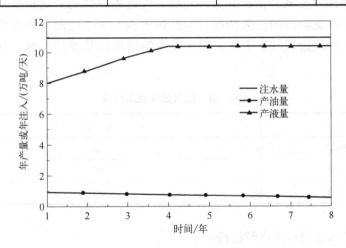

图 6-7　热水驱 3 井组生产预测曲线

6.6　方案实施及监测要求

6.6.1　实施中可能出现的问题及对策

　　热水驱是蒸汽驱后有效的接替方式，但在辽河油田蒸汽驱后转热水驱中还属首例，没有较好的可借鉴的实例，加上地下油藏本身的复杂性和多变性。在实施过程中必然存在着一些不可预知性。综合考虑，从先导试验的现状出发，对其中可能出现的问题进行了考虑，并制定出相应的对策。

（1）注水初期可能发生快速水窜对策

段塞注入蒸汽，延缓窜进速度。先导试验目前处于蒸汽驱阶段后期，已经形成了较好的蒸汽突破通道，蒸汽沿着厚度较大的高渗层向前突破。进行注水后，水体可能会沿着原蒸汽突破通道快速水窜，一旦发生，可以考虑段塞注入蒸汽来减缓水体窜进速度，进而实现全面驱替。

（2）注水一定时间后边井水窜对策

关闭边井，转反五点井网注入，一定时期后再恢复反九点井网。由于井网自身形态的限制，蒸汽驱阶段边井首先突破，而且角井部位动用相对较差，存留大量剩余油。转热水驱一定时间后，井组内边井仍然容易发生水窜，此时可以关闭边井，加强对角井部位的动用，跟踪观察一定时间后再考虑恢复原反九点井网形式开采。

（3）可能发生注入流体外溢对策

根据动态降低注水量，并实时对水体前缘进行跟踪。转热水驱后，一旦发生单方向或多方向的水窜，应及时调整，防止水体对周围井组造成影响。主要对策是降低注水量，甚至可以停注一段时间来抑制注入流体的外溢，并通过多种监测手段来跟踪水体前缘的变化。

（4）个别油井可能不见效对策

生产井适量吞吐辅助水驱，以加快油井的见效节奏。部分区域可能由于构造物性等的影响，注入水体在该方向上波及较差，可以考虑对此方向上的生产井进行适当吞吐引效，来加快见效节奏，实现井组内和井组间均匀驱替。

6.6.2　实施和监测要求

依据热水驱的注采系统设计，并考虑到热水驱跟踪和调整要有据可依。对本次热水驱的实施和监测提出了以下几点要求：

① 考虑到井筒热损失，要求注入水井口温度不低于180℃，这样才能保证注入水体到达开发层系后温度达到150℃；

② 注热水水质要求同蒸汽驱对水质的要求，保证水质，防止对油层造成污染而影响到开发效果；

③ 选取4口井进行产液剖面测试：包括2口边井和2口角井，来进一步跟踪注入水体的波及程度，以及注水后边井和角井的动用差异；

④ 要求温度和压力观察井每月测试一次，为跟踪、调整提供充分依据；

⑤ 建立监测系统，具体部署要求见表6-15。

表 6-15　试验区转热水驱监测系统部署结果

监测内容	监测井	目的	频率
产液剖面测试	10-x28 9-028 8-261c3 7-026	跟踪热水驱主力产液层 及产液温度	每月 1 次
压力观察井	观 23	跟踪热水驱压力变化	每月 1 次
温度观察井	观 24	跟踪热水驱温度变化	每月 1 次
示踪剂测试	4 口注汽井	监测热水驱前缘变化	开始水驱测试 1 次 以后根据需要进行

小结

①　探讨了蒸汽驱后热水驱提高采收率机理,其相对于继续蒸汽驱主要有以下几点优势:费用低;能够利用蒸汽残留在油藏的大量热能;不会出现超覆现象,并且由于自身重力驱扫超覆蒸汽所未能波及的下部油层。

②　开展了蒸汽驱后热水驱物理模拟实验研究,设计了蒸汽驱后继续注蒸汽、转热水驱、水汽交注三种方案,实验结果表明,转驱阶段驱油效率分别为4.42%、2.99%、3.76%,转热水驱的驱油效率略低,但其低廉的成本仍然是蒸汽驱后开采方式的首选。

③　进行了先导试验区蒸汽驱后热水驱的潜力分析,进行了剩余油分布研究,利用多项动、静态监测资料进行了对比分析,在数模结果与微地震测试、新井测井、动态监测资料吻合较好的前提下,按照监测资料一致性的原则,利用相关公式推算出没有吸汽剖面注汽井的小层吸汽比例,确定各小层的动用程度,对非均质油藏蒸汽驱后平面、层内、层间的剩余油分布规律进行了分析,描述出蒸汽驱后各小层剩余油分布。目前先导试验区剩余地质储量为 3.83×10^5t,含油饱和度为 33%,先导试验区具有继续开发的潜力,蒸汽驱后转热水驱开采是最为经济有效的方法。

④　进行了热水驱油藏工程优化设计研究,分析了蒸汽驱后转热水驱与普通稠油油藏注水的差异,对注水温度、注水量、注采比、注水层段、注水时机等参数进行了优选。数值模拟结果表明:先导试验区转热水驱合理井底注水温度为 150℃,折算到地面,井口注水温度应达到 180℃;合理注采比为 1.2:1;合理注水量为 100t/d 左右;应采取笼统方式注水,且尽早转热水驱开发。

⑤　对先导试验区 3 井组进行了转热水驱开发指标预测,预计 3 个井组热水驱开发 8 年,阶段注水 8.76×10^5t,阶段产油 5.92×10^4t,阶段产液 7.86×10^5t,

阶段平均含水 92.29%，转热水驱可取得较好的开发效果。

⑥ 对蒸汽驱后转热水驱可能出现的问题进行了分析和预测，并制定出相应的对策，提出了热水驱实时监测要求，为成功实现蒸汽驱转热水驱开采稠油提供技术保障。

参考文献

[1] 吕广忠，陆先亮. 热水驱驱油机理研究 [J]. 新疆石油学院学报，2004，16（4）：37-41.

[2] 徐明海，刘志平. 沈阳油田高含蜡高凝固点油藏注热水开发可行性研究 [J]. 石油学报，1991，12（4）：63-74.

[3] 石晓渠，李胜彪，郭晓芳，等. 普通稠油吞吐开采后转热水驱技术研究 [J]. 石油地质与工程，2004（B06）：44-45.

[4] 马新明，王丽荣. 不同注水方式对九区三井组蒸汽驱后热水驱效果的影响 [J]. 新疆石油科技，1994，4（4）：6.

[5] 薄芳，高小鹏，胡龙胜，等. 应用热水驱技术提高孤岛油田渤 21 断块采收率 [J]. 国外油田工程，2005，21（1）：43-44.

[6] Ault J W, Johnson W M, Kamilos G N. Conversion of mature steamfloods to low-quality steam and/or hot-water injection projects [J]. Society of Petroleum Engineers，1985，13604：2-3.

[7] Shen C W. Laboratory hot waterfloods prior to and following steamfloods [J]. Society of Petroleum Engineer，1989，SPE18754：4.

[8] 孙川生，彭顺龙. 热采稠油油藏克拉玛依九区热采稠油油藏 [M]. 北京：石油工业出版社，1998，10-17.

[9] 陈振琦，杨生榛，喻克全. 浅层稠油注蒸汽开发过程中剩余油分布规律 [J]. 测井技术，1998（S1）：40-43.

[10] 马春宝. 蒸汽吞吐水平井调整吸汽剖面技术 [J]. 内蒙古石油化工，2010，36（12）：2.

[11] 薛世峰，王海静，朱桂林，等. 改善水平井吸汽剖面的计算模型 [J]. 特种油气藏，2008，15（5）：94-96.

[12] Oglesby K D, Blevins T R, Rogers E E, et al. Status of the 10-pattern steamflood, kern river field, california [J]. Journal of Petroleum Technology，1982，34（10）：2251-2257.

[13] 张吉磊，李廷礼，张昊，等. 海上低幅边底水稠油油藏氮气泡沫调驱技术应用效果评价 [J]. 钻采工艺，2019（4）：70-73.

[14] 杨光璐. 深层巨厚块状普通稠油油藏注水开发效果评价 [J]. 中文科技期刊数据库（全文版）自然科学，2021（2）：2.

[15] Mckibben M J, Gillies R G, Shook C A. A laboratory investigation of horizontal well heavy oil-water flows [J]. The Canadian Journal of Chemical Engineering，2000，78（4）：743-751.

[16] Mohammad, Hossein, Doranehgard, et al. The effect of temperature dependent relative permeability on heavy oil recovery during hot water injection process using streamline-based simulation[J]. Applied Thermal Engineering Design Processes Equipment Economics，2018，129：106-116.

符 号 表

t:	介质中某点某时刻的温度，℃
r:	与热丝的距离，cm
τ:	热丝的加热时间，s
q:	热丝单位长度上的加热功率，W/m
λ:	热导率，W/（m·℃）
Δt:	温升，℃
r_o:	热丝的半径，cm
C:	欧拉常数，其值为 0.5722
ρ_w:	热丝的密度，g/cm^3
ρ:	介质的密度，g/cm^3
C_{pw}:	热丝的比热容，J/（g·℃）
C_p:	介质的比热容，J/（g·℃）
E_n:	铂电阻温度计上的电势，mV
E_p:	标准电阻上的电势，mV
R_n:	标准电阻的电阻值，Ω
R_{tp}:	铂丝在水三项点时的电阻值，Ω
R_p:	铂电阻温度计的阻值，Ω
Q_e:	通入的电能，J
m:	试样的质量，g
H_o:	量热计空白热容量，J/℃
α:	热膨胀系数，1/℃
ΔL:	温升为 t_2-t_1 时岩石样品的膨胀量，cm
L_0:	岩石样品初始时（t_1）的长度，cm
t_1:	岩石样品加热前的温度，℃
t_2:	岩石样品加热后的温度，℃
ϕ_1:	20℃，围压 3MPa 条件下的岩石有效孔隙度
ϕ_t:	温度为 t，围压 3MPa 的岩石有效孔隙度
σ:	表（界）面张力，mN/m
$\Delta\rho$:	两相待测物质的密度差，g/cm^3
H:	液滴形态的修正值
P_{ci}:	岩样驱替毛管压力，MPa

L：　　　　　岩样长度，cm

R_e：　　　　岩样的外旋转半径，cm

n：　　　　　离心机转速，r/min

$\overline{S_w}$：　　　　平均剩余含水饱和度，以百分数表示

V_{wi}：　　　　岩样饱和地层水体积，mL

V_w：　　　　在某离心机转速下，岩样累积排出的地层水体积，mL

δ：　　　　　热效率，%

$\overline{t}$：　　　　热水驱过程中砂岩的平均温度，℃

Q_t：　　　　升高 1℃所需的热量，J

Q_i：　　　　注入热水所含的总热量，J